项目二任务二——卡通头像

项目二任务三——漂亮的贺卡

项目二任务三——为卡通上色

项目三任务一——文字消失动画

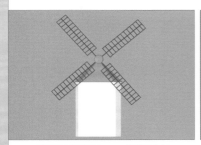

项目三任务二——旋转风车

项目三任务四——红梅花开

项目三实训二——开心笑脸

项目四任务二——我爱妈妈动画

项目四实训一——山间小车

项目五任务一
——心灵风车

项目五任务二——淘气宝宝视频

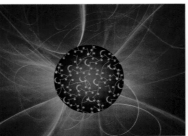

项目六任务一——Deco 梦幻水晶球

项目六任务三——骨骼动画

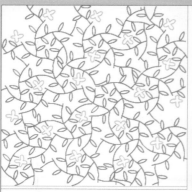

项目六实训一——花开遍地

项目六实训二——3D 转盘

项目七任务一——翻页画册

项目七任务二——用户注册

项目七实训一——电子台历

项目七实训二——自我介绍

项目八任务一——拼图游戏

项目九实训二——计算器

项目九任务二
——Flash 小游戏

项目九任务一——制作 Flash Banner 动画

职业院校
立体化精品
系列规划教材

Flash CS4
动画设计教程

陈荣征 苏顺亭 ◎ 主编
梁仓 谢丽丽 游肖霞 ◎ 副主编

人民邮电出版社
北 京

图书在版编目（CIP）数据

Flash CS4动画设计教程 / 陈荣征，苏顺亭主编. --
北京 ： 人民邮电出版社，2013.10（2021.8重印）
职业院校立体化精品系列规划教材
ISBN 978-7-115-32892-2

Ⅰ. ①F… Ⅱ. ①陈… ②苏… Ⅲ. ①动画制作软件－
高等职业教育－教材 Ⅳ. ①TP391.41

中国版本图书馆CIP数据核字（2013）第195323号

内 容 提 要

本书主要讲解了走进 Flash 动画世界、绘制与编辑图形、制作 Flash 基本动画、制作遮罩与引导层动画、制作有声动画、制作 Deco 动画和骨骼动画、制作脚本与组件动画及 Flash 动画后期操作等知识。本书最后还安排了综合实训内容，进一步提高学生对知识的应用能力。

本书采用项目任务教学法，每个任务主要由任务目标、相关知识、任务实施 3 个部分组成，然后再进行强化实训。每个项目最后还总结了常见疑难解析，并安排了相应的练习和实践。本书着重对学生实际应用能力的培养，将职业场景引入课堂教学，因此可以让学生提前进入工作的角色。

本书适合作为职业院校计算机应用等相关专业的 Flash 教材使用，也可作为各类社会培训学校相关专业的教材，同时还可供 Flash 爱好者、动漫爱好者自学使用。

- ◆ 主　　编　陈荣征　苏顺亭
　　副 主 编　梁 仓　谢丽丽　游肖霞
　　责任编辑　王 平
　　责任印制　杨林杰
- ◆ 人民邮电出版社出版发行　　北京市丰台区成寿寺路 11 号
　　邮编　100164　电子邮件　315@ptpress.com.cn
　　网址　http://www.ptpress.com.cn
　　三河市祥达印刷包装有限公司印刷
- ◆ 开本：787×1092　1/16　　彩插：1
　　印张：16　　　　　　　　2013 年 10 月第 1 版
　　字数：357 千字　　　　　2021 年 8 月河北第 8 次印刷

定价：44.00 元（附光盘）
读者服务热线：(010)81055256　印装质量热线：(010)81055316
反盗版热线：(010)81055315
广告经营许可证：京东市监广登字 20170147 号

前 言 PREFACE

随着近年来职业教育课程改革的不断发展，计算机软硬件日新月异地升级，以及教学方式的不断发展，市场上很多教材内容涉及的软件版本、硬件型号以及教学结构等很多方面都已不再适应目前的教授和学习。

有鉴于此，作者认真总结教材编写经验，用了2~3年的时间深入调研各地、各类职业教育学校的教材需求，组织了一批优秀的、具有丰富的教学经验和实践经验的作者团队编写了本套教材，以帮助各类职业学校快速培养优秀的技能型人才。

本着"工学结合"的原则，本书在教学方法、教学内容、教学资源3个方面体现出自己的特色。

教学方法

本书精心设计"情景导入→任务目标→相关知识→任务实施→上机实训→常见疑难解析→拓展知识→课后练习"编写结构，将职业场景引入课堂教学，激发学生的学习兴趣，然后在任务的驱动下，实现"做中学，做中教"的教学理念，最后有针对性地解答常见问题，并通过练习全方位帮助学生提升专业技能。

- **情景导入**：以主人公"小白"的实习情景模式为例引入本项目教学主题，并贯穿于项目的讲解中，让学生了解相关知识点在实际工作中的应用情况。
- **任务目标**：对本项目中的任务提出明确的制作要求，并提供最终效果图。
- **相关知识**：帮助学生梳理基本知识和技能，为后面实际操作打下基础。
- **任务实施**：通过操作并结合相关基础知识的讲解来完成任务的制作，讲解过程中穿插有"知识提示"、"多学一招"两个小栏目。
- **实训**：结合任务讲解的内容和实际工作需要给出操作要求，提供操作思路及步骤提示，让学生独立完成操作，训练学生的动手能力。
- **常见疑难解析**：精选出学生在实际操作和学习中经常会遇到的问题并进行答疑解惑，让学生可以深入地了解一些提高应用知识。
- **拓展知识**：在完成项目的基本知识点后，再深入介绍一些知识的使用。
- **课后练习**：结合本项目内容给出难度适中的上机操作题，让学生强化巩固所学知识。

教学内容

本书的教学目标是循序渐进地帮助学生掌握Flash动画制作的方法与技巧。全书共9个项目，可分为如下几个部分。

- **项目一至项目二**：主要讲解Flash动画的基础入门知识，包括走进Flash动画世界和绘制与编辑图形等知识。

- 项目三至项目四：主要讲解Flash基本动画的制作，包括Flash基本动画和制作遮罩与引导层动画的知识。
- 项目五至项目七：主要讲解Flash高级动画的制作，包括制作有声动画、制作Deco动画以及骨骼动画和制作脚本与组件动画等。
- 项目八：主要讲解Flash动画的处理以及与第三方软件的配合使用，包括下载与反编译Flash等。
- 项目九：以制作Flash Banner动画和Flash小游戏为例，进行综合实训。

教学资源

本书的教学资源包括以下3方面的内容。

（1）配套光盘

本书配套光盘中包含图书中实例涉及的素材与效果文件、各项目实训及习题的操作演示动画以及模拟试题库3个方面的内容。模拟试题库中含有丰富的关于Flash动画设计的相关试题，包括填空题、单项选择题、多项选择题、判断题、简答题和操作题等多种题型，读者可自动组合出不同的试卷进行测试。另外，光盘中还提供了两套完整的模拟试题，以便读者测试和练习。

（2）教学资源包

本书配套精心制作的教学资源包，包括PPT教案和教学教案（备课教案、Word文档），以便老师顺利开展教学工作。

（3）教学扩展包

教学扩展包中包括方便教学的拓展资源以及每年定期更新的拓展案例两个方面的内容。其中拓展资源包含设计素材和动画欣赏等。

特别提醒：上述第（2）、（3）教学资源可访问人民邮电出版社教学服务与资源网（http:// www.ptpedu.com.cn）搜索下载，或者发送电子邮件至dxbook@qq.com索取。

本书由陈荣征、苏顺亭主编，由梁仓、谢丽丽和游肖霞任副主编，参加编写工作的还有郭彬、何红丽和宋全有，虽然编者在编写本书的过程中倾注了大量心血，但恐百密一疏，恳请广大读者及专家不吝赐教。

编者

2013年6月

目 录 CONTENTS

PART 1

项目一
走进Flash动画世界

情景导入

阿秀：小白，你在用手机看什么呀？那么专心！

小白：我在看一部动画片，昨天陪着小侄女看了一部分，还没有看完，现在抽空继续看。

阿秀：什么动画片，我看看！原来是这部动画片啊，确实很好看 。对了，你知道吗，这个动画片是用Flash软件制作的哦。

小白：Flash软件，以前听同学提过，它的功能很强大呀！

阿秀：是啊，Flash软件是Adobe公司推出的专业动画制作软件，在网络动画、网页广告、教学课件、交互游戏、影视动画等众多领域都有应用。

小白：如果我也能做动画就好了。

阿秀：我可以教你啊，现在就让我给你展示Flash的美丽世界吧。

学习目标

- 熟悉Flash CS4的操作界面
- 了解帧频（fps）及设置技巧
- 了解位图与矢量图形的区别

技能目标

- 了解Flash动画设计
- 对Flash的工作界面有一个全面的认识

任务一　认识Flash动画

　　Flash是美国Adobe公司推出的专业二维动画制作软件，其以简单易学、效果流畅，生动，画面风格多变的特性，赢得了广大动画爱好者的青睐。下面介绍Flash的基本知识，并完成一个小Flash动画的发布操作。

一、任务目标

　　本例将练习打开一个Flash CS4文件并发布，首先使用Flash CS4打开一个Flash源文件，进行简单的预览后将其发布为Flash影片文件。通过本例的学习，可以掌握Flash CS4的启动与发布操作。本例制作完成后的最终效果如图1-1所示。

　　Flash软件最早由Macromedia公司推出，在2005年12月被Adobe公司收购。

图1-1　发布Flash

二、相关知识

　　Flash动画具有什么样的魅力，使得它成为众多动画爱好者的选择？在学习Flash软件前，先对Flash动画和制作流程等基础知识进行介绍。

（一）Flash动画设计简介

　　Flash动画是目前网络上最流行的一种交互式动画，这种格式的动画必须用Adobe公司开发的Flash Player播放器才能正常观看。Flash动画之所以受到广大动画爱好者的喜爱，主要有以下几方面的原因。

- Flash动画一般由矢量图制作，无论将其放大多少倍都不会失真，且动画文件较小，利于传播，因此无论在计算机、DVD还是手机等设备上播放Flash动画，都可以获得非常好的画质与动画体验效果。
- Flash动画具有交互性，即用户可以通过点击、选择、输入或按键盘按键等方式与Flash动画进行交互，从而控制动画的运行过程和结果，这一点是传统动画无法比拟的，这也是很多游戏开发者甚至很多网站使用Flash进行制作的原因。
- Flash动画制作的成本低。使用Flash制作的动画能够大大地减少人力、物力资源的消耗，同时节省制作时间。
- Flash动画采用先进的"流"式播放技术，用户可以边下载边观看，完全适应当前网络的带宽，使用户可即时观看动画。另外，在Flash的ActionScript脚本（简写为AS）中加入等待程序，可使动画在下载完毕以后再观看，从而解决了Flash动画下载速度慢的瓶颈问题。

● Flash支持多种文件格式的导入与导出，除了可以导入图片外，还可以导入视频、声音等。可导入的图片及视频格式非常多，如.jpg、.png、.gif、.ai、.psd、.dxf等，其中导入.ai、.psd等格式的图片时，还可以保留矢量元素及图层信息。另外Flash的导出功能也非常强大，不仅可以输出swf动画格式，还可以输出avi、gif、html、mov、exe可执行文件等多种文件格式。通过Flash的这种导出功能，可以将Flash作品导出为多种版本用于多种用途，如导出为swf及html格式，再将其放到互联网上，就可以通过网络观看Flash动画，或将Flash动画导出为gif动画格式，然后发到QQ群中，这样QQ好友们就可以查看动画效果了（QQ群是不直接支持播放Flash动画的）。

（二）Flash动画应用领域与优秀作品欣赏

Flash动画的应用领域非常广泛，主要包括以下几个方面。

1. 网页元素

在网页中可以插入Flash广告、Flash菜单等Flash影片作为网页元素。一般一个浏览量较大的网站，其站内会嵌套许多网络广告，而为了不影响网站本身的正常运作，网站广告必须占用空间小、具有视觉冲击力、内容直接明了， Flash动画恰好可以满足这些条件，如图1-2所示为新浪网站（http://www.sina.com.cn/）首页中的Flash广告。另外，因为Flash动画具有交互功能，而且可以制作出非常炫丽的动态效果，因此也常被用于制作网站的导航菜单，如图1-3所示为可口可乐中国网站（http://www.coca-cola.com.cn/）的Flash导航菜单。

图1-2　Flash广告

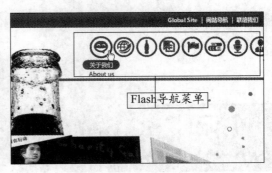

图1-3　Flash导航菜单

2. MTV

使用Flash制作的MTV色彩明艳，特别适合制作儿童歌曲的MTV，可以绘制可爱的卡通角色和漂亮的动画场景，再配以动听的儿童歌谣，非常受小朋友们欢迎。如图1-4所示为"贝瓦儿歌"网站（http://g.beva.com）推出的"两只老虎"Flash MTV动画。

3. Flash游戏

借助Flash强大的脚本功能，可以制作出许多好玩的游戏。例如， "贝瓦小游戏"网站（http://bao.beva.com/game.html）开发了很多好玩的Flash儿童游戏，如"魔法厨房"等，如

图1-5所示。

图1-4　Flash MTV　　　　　　　　　　　　　图1-5　Flash小游戏

4．Flash网站

使用Flash作为网站前端，结合PHP、JSP、ASP等编程语言，可在制作极酷视觉效果、实现强大的交互功能的同时，开发具有视觉冲击力的网络。随着网络的发展，许多大型企业会建设网站以展示企业形象及宣传产品。比如某些设计类网站、房地产网站、数码产品网站等都由Flash结合编程语言制作，如图1-6所示为真果粒Flash网站（http://www.zhenguoli.com/）。

图1-6　Flash网站

5．Flash课件

传统教学往往因为课本内容太抽象，容易使学生感到单调、枯燥，从而使学生缺乏学习的兴趣，使用Flash制作的教学课件能吸引学生的注意力，取得良好的教学效果。Flash课件能够通过交互方式将文本（Text）、图像（Image）、图形（Graphics）、音频（Audio）、动画（Animation）、视频（Video）等多种信息，以单独或合成的形态表现出来，向老师、学生传达多层次的信息。用Flash制作的课件具有动感效果强、文件小、传输快等特点，而且在Flash中可以导入mpg、avi等格式的视频文件，可以为学生提供更广泛的学习素材和学习方式。图1-7所示为某英语教学课件。

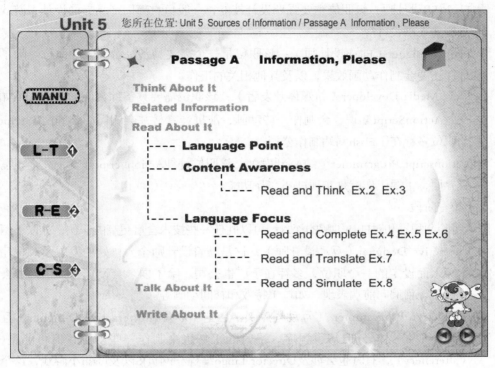

图1-7　Flash课件

（三）动画设计就业方向与前景

由于Flash的应用领域广，因此能熟练使用Flash技能的人才的就业方向及前景是比较乐观的。Flash技能人才可根据自身特点，从事美术设计、项目策划及程序开发等领域的工作，可以从事的行业包括影视动画、网站建设、游戏制作、Flash软件开发及互动行销等。下面简单介绍Flash从业人员个人发展的几个阶段及其可能从事的职位。

1．第一阶段：学习阶段

对于刚入门的Flash初学者，无论将来从事设计师还是程序员，在第一阶段都需要学习，在这个学习过程中，可以根据自己的喜好及特长，选择适合自己未来发展的知识作为主攻方向进行学习，如设计师主攻手绘及动画制作，程序员则应偏重ActionScript脚本、网站编程、视觉特效等方面的学习。

如果要全方位发展，则各方面的技能都要学习，再补充策划、管理或营销方面的知识，以便将来从事管理或营销方面的工作。当然，如果不知道自己擅长什么，或不知道以后将从事哪方面的工作，则在这一阶段可以多学习一些其他知识，发掘自己的综合潜力，让自己的就业面更宽一些。

2．第二阶段

随着对Flash学习的深入，学生的特长将会凸显，此时更应该确立自己的主攻方向。在这一阶段，可以从事某些职位的工作，如Flash UI设计师、Flash Designer（Flash 设计师）、New Media Developer（新媒体开发者）、ActionScript Programmer（纯AS开发）等。

● Flash UI设计师：该职位主要强调设计技能，一般负责部门产品界面设计、游戏中场景剧情动画设计等。

● Flash Designer（Flash设计师）：该职位是一个需要具备综合技能的职位。除了会设计，还要会制作动画效果，以及其他相关的工作。

● New Media Developer（新媒体开发者）：该职位需要具备综合能力的人才，如懂得一些ActionScript知识，会制作一些动画，能拼装素材并会编写简单的JavaScript。这个职位多存在于Flash网站制作公司。

● Actionscript Programmer（纯AS开发）：该职位是纯ActionScript开发，完全不需要负责界面，主要工作就是实现Flash交互功能。

3．第三阶段

随着经验的积累和对Flash了解的深入，可以胜任一些技术含量更高的职位，如以下两种。

● Interactive Designer（互动设计师）：这是随着设计师个人喜好的发展及对程序了解的深入而设定的一个职位，多存在于广告公司。除了要求会设计外，还需要会写一些程序，且偏向前端表现，如粒子特效和补间动画等。

● Interactive Programmer （互动程序员）：这个职位和Interactive Designer（互动设计师）职位类似，但偏重程序，平时的工作也会制作一些动画，但可能是video（aftereffect），有时也会涉及Director Lingo编程和网页JS以及Flash小游戏，这个职位需要学习很多技术，职业选择面也会更广。

4．第四阶段

第四阶段是Flash职业生涯的黄金时段，此时工作人员的Flash经验已经非常丰富，Flash技术本身已不是什么问题，能轻松胜任各种Flash项目。在这一阶段，可以向管理方面发展，也可以向以下其他职位发展。

● 3D Programmer：Flash主要用于制作二维动画，但随着Flash软件功能的增强，也能制作基本的3D动画。3D Programmer这个职位偏重于图形学和前端表现，主要从事3D游戏或3D动漫的开发。

● Architecture（构架师）：随着经验的积累和对设计模式等框架技术的深入发掘，一个Flash开发者最终可以将自己定位于构架师或框架设计。通常一些企业型项目需要构架师来建造项目框架，如果懂得其他编程语言，则更容易胜任这个职位。

行业提示　Flash动画制作与开发人员，由于地域、学历及工作经验的不同，其工资从千元到万元不等，如广州Flash高级动画师工资月收入可达6500元左右（5~7年工作经验），如果超过7年的工作经验，工资月收入则有可能达到18000元左右。

（四）动画设计流程

在制作一个出色的动画前，需要对该动画的每一个画面进行精心的策划，然后根据策划一步一步完成动画，制作Flash的过程一般可分为如下几步。

1. 前期策划

在制作动画之前，首先应明确制作动画的目的、所要针对的顾客群、动画的风格、色调等，然后根据顾客的需求制作一套完整的设计方案，对动画中出现的人物、背景、音乐及动画剧情的设计等要素作具体的安排，以方便素材的搜集。

2. 搜集素材

在搜集素材文件时，要有针对地对具体素材进行搜索，避免盲目地搜集一大堆素材，这样才能节省制作时间。完成素材的搜集后，可以将素材按一定的规格使用其他软件（如Photoshop）进行编辑，以便于动画的制作。

3. 制作动画

制作动画是创建Flash作品中最重要的一步，制作出来的动态效果将直接决定Flash作品的成功与否，因此在制作动画时要注意动画中的每一个环节，要随时预览动画以便及时观察动画效果，发现和处理动画中的不足并及时调整与修改。

4. 后期调试与优化

动画制作完毕后，应对动画进行全方面的调试，调试的目的是使整个动画看起来更加流畅、紧凑，且按期望的效果进行播放。调试动画主要是针对动画对象的细节、分镜头和动画片段的衔接、声音与动画播放是否同步等进行调整，以保证动画作品的最终效果与质量。

5. 测试动画

动画制作完成并优化调试后，应该对动画的播放及下载等进行测试，因为每个用户的计算机软硬件配置都不相同，所以在测试时应尽量在不同配置的计算机上测试动画，然后根据测试结果对动画进行调整和修改，使其在不同配置的计算机上均有很好的播放效果。

6. 发布动画

发布动画是Flash动画制作过程中的最后一步，用户可以对动画的格式、画面品质和声音等进行设置。在进行动画发布设置时，应根据动画的用途、使用环境等进行设置，而不是一味地追求较高的画面质量、声音品质，避免增加不必要的文件而影响动画的传输。

三、任务实施

（一）打开Flash文件

安装好Flash CS4后，可以直接双击存储在计算机中的Flash源文件（扩展名为.fla），启动Flash CS4并打开Flash文件。另外，也可以先启动Flash CS4软件，再通过选择菜单命令的方式打开Flash文件。启动Flash CS4主要通过"开始"菜单来实现，其具体操作如下。

STEP 1　选择【开始】/【所有程序】/【Adobe Flash CS4 Professional】菜单命令，启动Flash CS4程序，如图1-8所示。

STEP 2　选择【文件】/【打开】菜单命令，或在欢迎屏幕"打开最近的项目"栏中选择

"打开"菜单命令，如图1-9所示。

图 1-8　启动 Flash CS4　　　　　　　　　　图 1-9　打开 Flash 文件

STEP 3　打开"打开"对话框，在"查找范围"下拉列表框中的文件列表框中选择要打开的Flash文件（素材参见：光盘:\素材文件\项目一\任务一\风车.fla），再单击 打开(0) 按钮完成Flash文件的打开操作，如图1-10所示。

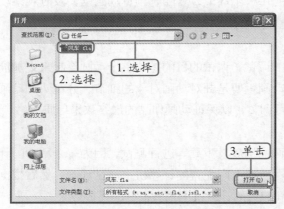

图1-10　选择并打开Flash文件

　　　在"打开"对话框文件列表框中双击要打开的Flash文件，可快速打开Flash文件。

（二）预览与发布动画

Flash文件打开后，可以先预览一下动画效果，然后对其进行发布操作，其具体操作如下。

STEP 1　打开Flash文件后，按【Enter】键即可预览Flash动画效果（单帧或脚本动画采用此方法无法预览Flash动画效果），如图1-11所示为部分Flash动画效果画面，此动画效果是由清晰逐渐变成全黑显示。

图1-11 预览动画效果

STEP 2 如果Flash动画是脚本动画，则使用STEP1的方法无法预览动画效果，此时可选择【文件】/【发布预览】菜单命令中的相应命令进行预览，此菜单命令的功能是先发布再预览，如图1-12所示为选择【文件】/【发布预览】/【Flash】菜单命令所获得的预览效果（最终效果参见：光盘:\效果文件\项目一\任务一\风车.swf）。

图1-12 发布预览动画

知识补充

选择【文件】/【发布预览】/【HTML】菜单命令发布预览Flash动画，将在发布Flash同时生成一个包含该Flash动画的HTML网页文件，双击该文件可在网页中查看Flash播放效果。

知识补充

Flash源文件（扩展名.fla）不能插入网页，只有发布后的文件（扩展名为.swf）才能插入网页。默认情况下，发布的Flash动画文件的保存位置与Flash源文件的位置相同。

任务二 制作小孩跑步动画

人眼在看到的物像消失后，仍可暂时保留视觉的印象。视觉印象在人的眼中大约可保持0.1秒。如果两个视觉印象之间的时间间隔不超过0.1秒，前一个视觉印象尚未消失，而后一个视觉印象已经产生，并与前一个视觉印象融合在一起，就形成了视觉残（暂）留现象。利用人眼的视觉残留的作用，事先将一幅幅有序的画面通过一定的速度连续播放即可形成动画效果。下面以制作小孩跑步动画为例讲解Flash动画的原理。

一、任务目标

本例将新建一个Flash文档，并导入一张gif动画图片，再对Flash文档进行属性设置，最后保存这个Flash文档并发布Flash动画。通过本例的学习，可以掌握gif动画转换为Flash动画的方法，并了解Flash动画的基本制作流程。本例制作完成后的动画效果如图1-13所示。

图1-13　小孩跑步动画

二、相关知识

要学习Flash动画的制作，应该完全掌握其基本的文档操作。另外，为了获得最佳视觉及动画效果，还应该设置文档属性，其中比较关键的是帧频及舞台尺寸的设置。

（一）Flash CS4的常用文件类型

在Flash CS4中可以创建多种类型的文件，如"Flash文件（ActionScript3.0）"、"Flash 文件（ActionScript2.0）"、"Flash文件（Adobe AIR）"等，这些文件类型有不同的应用场景，下面分别进行讲解。

● Flash文件（ActionScript3.0）与Flash文件（ActionScript2.0）：这两种类型的文件都是最基本的Flash文件，区别只是使用的脚本语言的版本不同。ActionScript3.0（简称AS3.0）与ActionScript2.0（简称AS2.0）都是Flash的编程语言，AS2.0相对来说比较简单，且AS3.0并不是对AS2.0的升级更新，而是全面的改变，AS3.0更加接近Java或者C# 等面向对象的编程语言，所以学习AS2.0的用户还需要重新学习AS3.0。

● Flash文件（Adobe AIR）：Adobe AIR是为了实现Flash能跨平台使用而开发的应用。Adobe AIR使Flash不再受限于不同的操作系统，在桌面上即可体验丰富的互联网应用，并且比以往占用的资源更少、运行速度更快、动画表现更顺畅。新浪客户端微博 AIR、Google Analytics分析工具、Twitter客户端TweetDeck等都是基于Adobe AIR开发的实用工具。

- ● Flash文件（移动）：面向手机用户开发，可制作适合手机播放或使用的Flash应用。
- ● Flash幻灯片演示文稿：该类型的Flash文件可以制作幻灯片文稿，像PowerPoint软件一样，且Flash幻灯片演示文稿可以拥有更丰富的动态效果。
- ● ActionScript文件：ActionScript文件用于创建一个新的外部ActionScript文件（*.as）并可在"脚本"窗口中编辑。

（二）认识Flash CS4操作界面

Flash CS4的工作界面主要由菜单栏、面板（包括时间轴面板、动画编辑器面板、工具箱、属性面板、颜色面板以及库面板等）以及场景和舞台组成。下面对Flash CS4的工作界面进行介绍，如图1-14所示。

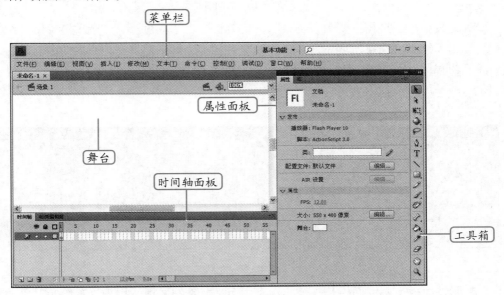

图1-14　Flash CS4的工作界面

1. 菜单栏

Flash CS4的菜单栏主要包括文件、编辑、视图、插入、修改、文本、命令、控制、窗口、帮助等选项，在制作Flash动画时，通过执行相应菜单中的命令，即可实现特定的操作。

2. 面板

Flash CS4为用户提供了众多人性化的操作面板，常用的面板包括时间轴面板、工具箱、属性面板、颜色面板、库面板等。

- ● 时间轴面板：时间轴用于创建动画和控制动画的播放进程。时间轴面板左侧为图层区，该区域用于控制和管理动画中的图层；右侧为时间轴区，由播放指针、帧、时间轴标尺以及时间轴视图等部分组成。图层区要包括图层、图层按钮、图层图标，图层▤：显示图层的名称和编辑状态；图层按钮▤▭▤：用于新建、删除图层、文件夹；图标●▤□：可以控制图层的各种状态，如隐藏、锁定等。时间轴主要包括帧、标尺、播放指针、帧频、按钮图标等。帧是制作Flash动画的重要元素；按钮图标分别表示使帧居中、绘图纸外观、绘图纸外观轮廓、编辑多个帧、修改绘图纸标记、当前帧。图1-15所示为时间轴面板中常见的组成元素。

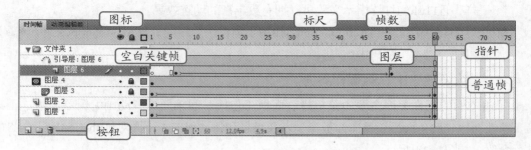

图1-15　时间轴面板

● **工具箱**：工具箱主要由"工具"、"查看"、"颜色"、"选项"等部分组成，可用于绘制、选择、填充、编辑图形等。各种工具不但具有相应的绘图功能，还可设置相应的选项和属性。如"颜料桶工具"有不同的封闭选项以及颜色和样式等属性，如图1-16所示。

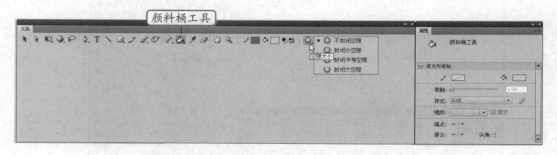

图1-16　工具箱

● **属性面板**：属性面板是一个非常实用而又特殊的面板，用来设置绘制对象或其他元素（如帧）的属性。属性面板没有特定的参数选项，会随着选择工具对象的不同而出现不同的参数。图1-17所示为选择铅笔工具后的属性面板（面板经过调整）。

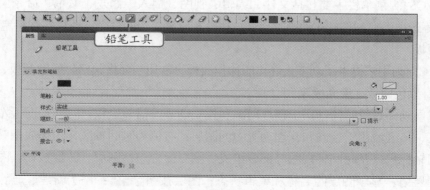

图1-17　属性面板

● **颜色面板**：颜色面板主要用于填充笔触颜色和填充颜色，颜色面板包括"样本"和

"颜色"。选择【窗口】/【颜色】菜单命令或按【Shift+F9】组合键可打开颜色面板，在其中可设置笔触颜色及填充颜色，如图1-18所示为不同颜色设置的面板。

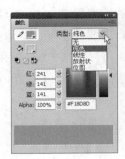

图1-18　颜色面板

● 库面板：库面板是一个常用的用于管理影片元件及素材的"仓库"，Flash中使用的图片、音乐、视频及元件等都要通过库面板进行管理。库面板一般与属性面板组成一个浮动组，单击"库"选项卡或按【Ctrl+L】组合键即可打开库面板，在其中可对元件等进行查看与管理，如图1-19所示。

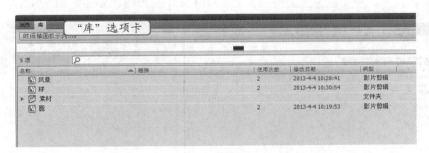

图1-19　库面板

3. 场景和舞台

场景和舞台如图1-20所示，其中Flash场景包括舞台、标签等，图形的制作、编辑和动画的创作都必须在场景中进行，且一个动画可以包括多个场景。舞台是场景中最主要的部分，动画的展示只能在舞台上显示，通过文档属性可以设置舞台大小和背景颜色。

图1-20　场景和舞台

（三）帧频（fps）及其设置技巧

帧频指动画播放的速度，以每秒播放的帧数为度量。帧频的设置直接影响动画播放的效果，如播放顺畅还是时断时续。动画种类不同，其播放的速率要求也不同，如赛车游戏，需要高速率，因此帧频要高；相反，一个老人走路的动画肯定要低速率，帧频肯定要低。合适的帧频设置是制作优质Flash动画的前提。一般在Web上，每秒12帧（fps）的帧频通常会得到最佳的效果，而对于小幅面广告等，为了达到精细的效果，一般可以设置40~60的帧频，如果要用于电影播放则可设置每秒24帧的帧频。

三、任务实施

（一）新建Flash文件

选择【文件】/【新建】菜单命令或按【Ctrl+N】组合键，或在欢迎屏幕的"新建"栏中进行选择，新建Flash文件。下面以选择【文件】/【新建】菜单命令创建Flash文件为例进行介绍，其具体操作如下。

STEP 1 启动Flash CS4，选择【文件】/【新建】菜单命令，在打开的对话框中选择要创建的Flash文件类型，单击 确定 按钮，完成Flash文件的创建，如图1-21所示。

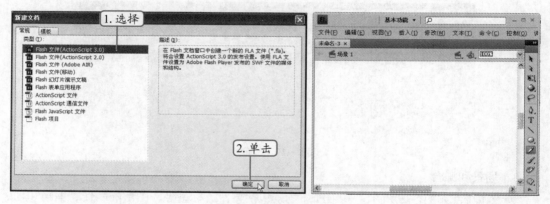

图1-21　新建Flash文件

STEP 2 选择【修改】/【文档】菜单命令，按【Ctrl+J】组合键或在舞台中单击鼠标右键，在弹出的快捷菜单中选择"文档属性"菜单命令，打开"文档属性"对话框，如图1-22所示。

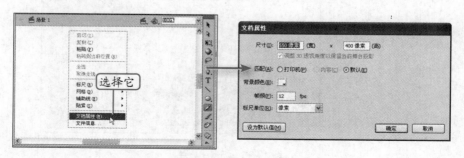

图1-22　选择"文档属性"菜单命令

STEP 3 在打开的"文档属性"对话框中的"尺寸"栏中输入舞台的尺寸,然后根据需要设置帧频等属性,单击 确定 按钮,完成文档属性的设置,效果如图1-23所示。

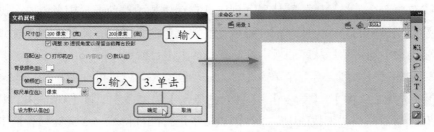

图1-23 设置文档属性

STEP 4 选择【文件】/【保存】菜单命令或按【Ctrl+S】组合键,打开"另存为"对话框,在"保存在"下拉列表框中选择保存位置,在"文件名"下拉列表框中输入文件名称,最后单击 保存(S) 按钮完成Flash文件的保存,如图1-24所示。

图1-24 保存Flash文件

知识补充

如果Flash中导入了图片并已在舞台中显示,此时可在"文档属性"对话框中单击⊙内容(C)单选项,将舞台大小设置为与图片大小相同,如图1-25所示。另外,在制作动画前,必须设置好舞台尺寸,否则后期会花费大量时间修改舞台中的其他元素。

图1-25 设置舞台大小

(二)制作与预览Flash动画

在创建好的Flash文件中导入gif动画文件或图片序列(图片文件名具有某种规律,如pic1.jpg、pic2.jpg……)可快速完成gif格式的Flash动画的制作。被导入的gif动画或图像序列自动以逐帧的方式进行添加,效果相当于快速并连续地播放这些图像从而形成流畅的动画,如人物的行走等。

  导入图像时，可以选择【文件】/【导入】菜单命令中的相应菜单命令完成，其中"导入到舞台"菜单命令可将导入的图片导入到库并自动添加到舞台上，相当于一次执行了两步操作，这是使用最多的导入方式。而"导入到库"菜单命令则仅将要导入的图片放置在库面板中，需要用户手动将图片从库面板中拖动到舞台上进行使用。

  下面以使用"导入到舞台"菜单命令导入gif动画文件为例进行介绍，其具体操作如下。

STEP 1 选择【文件】/【导入】/【导入到舞台】菜单命令或按【Ctrl+R】组合键，打开"导入"对话框，在"查找范围"下拉列表框中选择图片位置，在文件列表框中双击需要导入的gif动画文件，完成gif动画文件的添加，如图1-26所示。

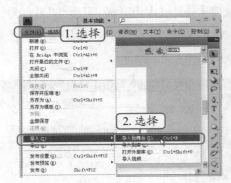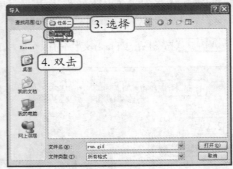

图1-26 导入图片

  在"导入"对话框的文件列表框中可按住【Shift】键或【Ctrl】键选择多个图片文件，这样导入的图片不会以逐帧的方式添加到舞台中，而是只添加到第1帧，舞台中的各图片则重叠在一起，如果要制作动画，则需要用户手动完成动画的制作，如图1-27所示。

图1-27 非逐帧地导入

STEP 2 按【Enter】键测试，舞台中的动画进行播放，同时时间轴面板中的指针也跟着移动，如图1-28所示。

STEP 3 按【Ctrl+S】组合键保存Flash文件（如果Flash文件已保存过，再次按【Ctrl+S】组合键时将按原文件名及路径对动画文件进行保存），选择【文件】/【发布】菜单命令或按【Shift+F12】组合键完成Flash动画的发布操作。

图1-28　测试动画效果

STEP 4　选择【文件】/【退出】菜单命令或按【Ctrl+Q】组合键退出即可完成本节任务。

知识补充

如果要将Flash文件作为副本保存，以便制作不同效果的Flash动画，并从中对比两种动画效果的优劣，可选择【文件】/【另存为】菜单命令或按【Ctrl+Shift+S】组合键，在打开的"另存为"对话框中进行设置并保存，如图1-29所示。

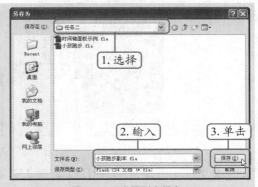

图1-29　设置副本保存

任务三　制作碎片动画

　　在很多的拼图游戏中都需要先将整幅的图片分成很多小块，然后再将这些碎片拼成一幅完整的图片。本任务将结合Flash工作环境的个性化设计、常用工具的使用等知识，完成这个碎片动画的制作。

一、任务目标

　　本例将打开Flash源文件并导入图片到库，再从库中拖动图片到场景中，然后将其打碎。在打碎时，可通过标尺、网格等工具来辅助定位，因此在开始制作碎片动画前先完成工作环境的设置及显示标尺等操作。通过本例的学习，读者可以学会布置Flash工作环境，并掌握标尺、网格及图片的打散等知识。本例完成后的效果如图1-30所示。

图1-30　碎片动画

二、相关知识

为了满足不同的工作需求（设计、动画或编码），可根据需求对工作界面的布局进行调整，以方便快速地完成Flash动画的制作。另外，熟练使用一些辅助工具，如标尺、网格等，可以在制作动画时进行参考，使用手形工具可快速地移动舞台的位置等，下面分别介绍这些知识。

（一）标尺、网格与辅助线

标尺、网格与辅助线都是辅助定位的利器，如图1-31所示，其相关介绍如下。

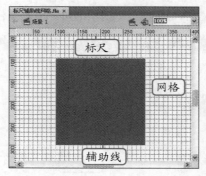

图1-31　标尺、辅助线与网格

● **标尺**：选择【视图】/【标尺】菜单命令，可显示或隐藏标尺。标尺有助于准确定位对象。当移动对象时，标尺会显示出对象4个顶点的位置。在"文档属性"对话框中可以修改标尺的单位。

● **辅助线**：辅助线有助于对齐对象，与网格线不同的是辅助线可以随意拖动到场景中的任何位置上。选择【视图】/【辅助线】/【显示辅助线】菜单命令，然后在场景中的标尺处按住鼠标左键拖动即可显示辅助线。

● **网格**：使用网格线可以在舞台上准确定位对象，选择【视图】/【网格】/【显示网格】菜单命令可以显示或隐藏网格。选择【视图】/【网格】/【编辑网格】菜单命令，在弹出的"网格"对话框中可以编辑网格线的颜色和宽度等属性。

（二）缩放场景

在制作动画时，有时需要对动画中的细微部分进行编辑，但是在正常显示状态下，却很难编辑细微部分，在这种情况下我们需要放大显示界面，直到能编辑为止。

● **设置场景比例**：如果需要对整个场景进行缩放，可在操作界面中单击场景右上角的　下拉列表框右侧的　按钮，在弹出的下拉列表框中选择相应的显示比例（如选择400%），窗口即可按选择的比例显示，如图1-32所示。

● **使用缩放工具缩放**：在工具箱中选择缩放工具，将鼠标指针移动到场景中，单击鼠标左键即可将场景放大。在工具箱的下方单击　按钮，将鼠标指针移动到场景中，单击鼠标左键即可缩小场景，如图1-33所示。

● **局部缩放**：选择缩放工具，将鼠标指针移动到需要放大的图形上方，按住鼠标左键不放，在场景中拖动框选需要放大的图形部分，然后释放鼠标即可将场景放大并将框选部分置于舞台中央，如图1-34所示。

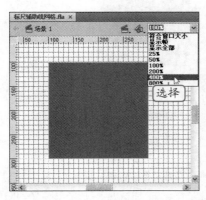
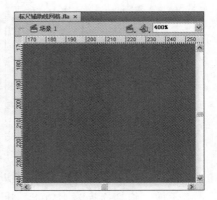

图1-32　设置场景比例

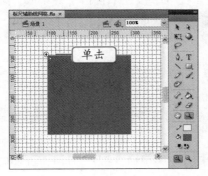
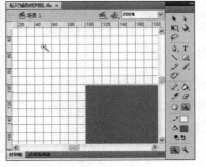

图1-33　整体缩放场景

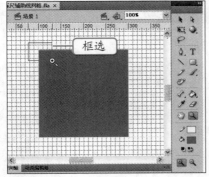
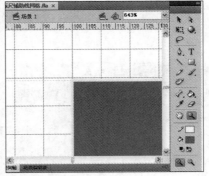

图1-34　局部缩放场景

（三）移动场景

移动场景不是移动图片等对象，而是调整舞台在场景中的位置，以便将要编辑的部分放置在场景中央，方便编辑。在工具箱中选择手形工具 🖑，将鼠标指针移动到场景中按住鼠标左键不放，拖动场景的显示界面，使其显示需要编辑的部分，如图1-35所示。

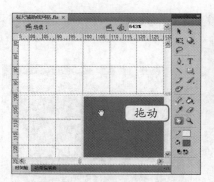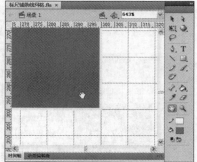

图1-35　移动场景

知识补充

在Flash CS4中按【M】键可快速切换到缩放工具，此时再按住【Alt】键不放，将切换为缩小功能，此时单击或拖动鼠标，将会进行缩小操作，释放【Alt】键后会切换回放大功能。另外，按住【空格】键不放，则可以切换为手形工具进行移动操作，当不需要移动时释放【空格】键即可。

三、任务实施

（一）布置工作环境

下面打开Flash动画文件"碎片动画.fla"，然后为其添加标尺、网格与辅助线，为后面的工作布置环境，其具体操作如下。

STEP 1　启动Flash CS4，选择【文件】/【打开】菜单命令打开"碎片动画.fla"（素材参见：光盘:\素材文件\项目一\任务三\碎片动画.fla）。

STEP 2　在窗口顶部单击基本功能按钮 基本功能▼，在弹出的菜单中选择"传统"命令切换为传统工作界面，并适当调整各面板的布局，如双击不用的面板标题栏以将其折叠等，如图1-36所示。

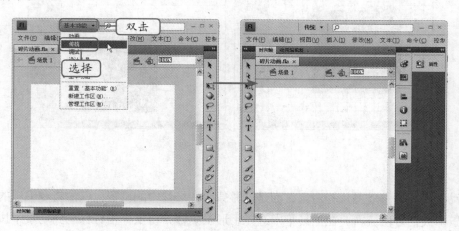

图1-36　切换为传统工作界面

STEP 3 选择【视图】/【标尺】菜单命令或按【Ctrl+Alt+Shift+R】组合键显示标尺。在工具箱中单击选择工具 ↖，将鼠标指针移动到左侧的标尺上，按住鼠标左键不放向右拖动，拖动到水平刻度为160时释放鼠标，再使用相同的方法完成横向辅助线的添加，如图1-37所示。

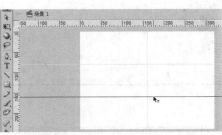

图1-37　显示标尺并添加辅助线

STEP 4 选择【视图】/【网格】/【显示网格】菜单命令或按【Ctrl+'】组合键显示网格，再选择【视图】/【网格】/【编辑网格】菜单命令，在打开的对话框中修改每格大小为80像素×80像素，再单击 确定 按钮，完成网格的设置，如图1-38所示。

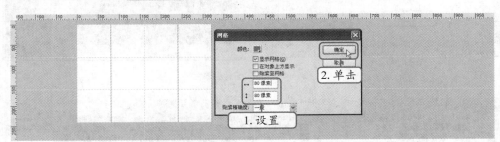

图1-38　显示网格并编辑网格大小

（二）制作碎片动画

下面将导入素材图片并进行打散，然后对图片进行碎片化，其具体操作如下。

STEP 1 选择【文件】/【导入】/【导入到库】菜单命令，在打开的对话框中双击要导入的图片文件"碎片图.png"（素材参见：光盘:\素材文件\项目一\任务三\碎片图.png），将图片导入到库面板中，如图1-39所示。

STEP 2 选择【窗口】/【库】菜单命令或按【Ctrl+L】组合键打开库面板，在库面板中的"元件2"图形元件上单击鼠标左键不放并将其拖动到舞台中，拖动时注意观察虚线框的位置，一定要刚好覆盖整个舞台，最后释放鼠标左键，完成添加图片到舞台的操作，如图1-40所示。

STEP 3 将鼠标指针移动到舞台中的图形上，单击以选择该图形。选择【修改】/【分离】菜单命令或按【Ctrl+B】组合键将其进行分离（即打散），然后再执行一次分离操作，最终将图形转换为矢量图形，如图1-41所示。

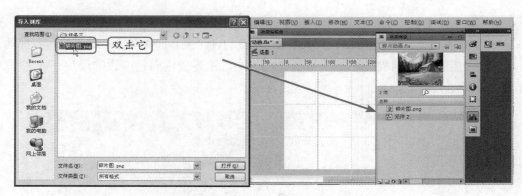

图1-39 导入图片到库

图1-40 添加图片到舞台

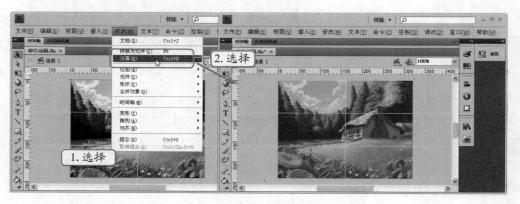

图1-41 分离图片

STEP 4 在工具箱中选择线条工具 ，按住【Shift】键的同时沿着辅助线拖动，绘制3条直线（2横1竖），如图1-42所示。

STEP 5 按【Ctrl+;】组合键将辅助线隐藏，显示所画的直线。此时在工具箱中选择选择工具，分别选择划分出的小图片后按【Ctrl+G】组合键或【修改】/【组合】菜单命令，分别将这些小图片组合起来，如图1-43所示。

STEP 6 在舞台边缘可看到绘制的直线，选择选择工具 后双击直线，所有相连的直线即被全部选中，按【Delete】键将其删除，如图1-44所示。

图1-42 画直线

图1-43 组合小块图片

图1-44 删除直线

STEP 7 选择选择工具 ▶，将鼠标指针移动到组合后的各小图块上，拖动进行随机组合，组合时如果不容易对齐，可将场景放大后再进行对齐，最终效果（最终效果参见：光盘:\效果文件\项目一\任务三\碎片动画.fla）如图1-45所示。

图1-45 随机排列图片

知识补充

在切换为Flash CS4默认提供的工作界面（如传统、基本等）后，可根据喜好调整工作界面，如将鼠标指针移动到工作界面顶部的时间轴面板标题栏中，按住鼠标左键不放向下拖动到舞台下方，再释放鼠标，完成时间轴面板从顶到底的移动，如图1-46所示。

图1-46　移动时间轴

实训一　打开Flash文件并预览

【实训要求】

某客户发送过来一个内嵌了视频的Flash动画，要求将其添加到客户公司网站上。

【实训思路】

由于客户发送过来的是Flash源文件（扩展名为.fla），因此必须先使用Flash CS4将其打开，然后发布为网页中可用的Flash影片（扩展名为.swf）。本实训的参考效果如图1-47所示（最终效果参见：光盘:\效果文件\项目一\实训一\baobao.html）。

图1-47　发布Flash视频动画

【步骤提示】

STEP 1 启动Flash CS4并打开Flash文件（素材参见：光盘:\素材文件\项目一\实训一\视频.fla）。

STEP 2 选择【文件】/【另存为】菜单命令，将其文件名称修改为英文，如"baobao.fla"。

STEP 3 按【Enter】键测试Flash动画，查看是否有需要修改的地方。

STEP 4 确认无需修改后，选择【文件】/【发布预览】/【HTML】菜单命令进行发布预览。

STEP 5 预览无误后，就可使用Dreamweaver或记事本软件打开HTML文件"baobao.html"，复制在网页中添加Flash影片的代码到客户公司网站的网页中即可。需要注意的是，Flash影片"baobao.swf"的位置如果在上传到公司网站服务器上后发生了变化，则还需要修改网页中的该"baobao.swf"的路径，否则将无法查看Flash影片效果。

实训二　将GIF动画转换为Flash动画

【实训要求】

　　将提供的GIF动画转换为Flash动画，效果如图1-48所示（最终效果参见：光盘:\效果文件\项目一\实训二\smile.swf）。

图1-48　gif动画与Flash动画

【实训思路】

　　本实训需要先创建Flash文件，然后导入gif动画素材图片，再修改文档属性使其与图片大小一致，最后发布Flash动画。

【步骤提示】

STEP 1 启动Flash CS4，新建Flash文件。

STEP 2 导入GIF素材图片（素材参见：光盘:\素材文件\项目一\实训二\smile.gif）到舞台。

STEP 3 打开"文档属性"对话框，单击选中"内容"单选项，使舞台大小与图片大小相同。

STEP 4 保存Flash文档为"smile.fla"。

STEP 5 按【Ctrl+Enter】组合键测试动画并完成发布。

常见疑难解析

问：用Flash CS4打开用以前版本制作的动画文档时，为什么在保存的时候会打开一个兼容性对话框？

答：这是因为Flash CS4检测到动画文档版本低于当前版本，所以打开对话框提示用户升级当前动画文档的版本。通常情况下应选择将版本升级，如果该文档还需用以前的Flash版本进行编辑，则建议另存修改的动画文档，否则修改后的文档将无法用低版本的Flash打开。

问：如果要将常用的舞台尺寸和背景颜色应用到每一个新建的动画文档，应如何操作？

答：若要将常用的舞台尺寸和背景颜色应用到每个新建的动画文档，可将其设置为Flash CS4的默认值。其方法为：在"文档属性"对话框中分别设置要应用的舞台尺寸和背景颜色，然后单击 设为默认值(M) 按钮，如图1-49所示。

问：欢迎屏幕不见了，怎么恢复？

答：在欢迎屏幕中进行文档的创建与打开非常方便，但有时可能因某些原因而关闭欢迎屏幕，此时可选择【编辑】/【首选参数】菜单命令，在打开的"首选参数"对话框中选择"常规"类别，再在右侧"启动时"下拉列表框中选择"欢迎屏幕"选项，如图1-50所示。

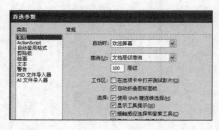

图1-49 设置默认背景颜色及尺寸　　　　图1-50 设置启动时显示欢迎屏幕

问：Flash CS4的工作界面被调乱了，如何恢复？

答：有时用户可能因某些原因对Flash CS4的工作界面进行了调整，导致Flash使用起来不顺手，此时可将工作界面恢复为Flash CS4的默认界面，如要恢复默认的"基本功能"工作界面，其方法为：在Flash CS4工作界面顶部单击 **基本功能** ▼按钮，在弹出的下拉列表框中选择"重置'基本功能'"菜单命令，如图1-51所示。

问：如何移动以及删除辅助线？

答：将鼠标指针移动到辅助线上，按住鼠标左键不放进行拖动，至新位置后释放鼠标即可完成辅助线的移动。如果将辅助线拖动到标尺上，则可以删除辅助线，如图1-52所示。

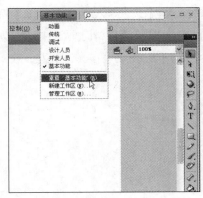
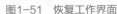

图1-51 恢复工作界面

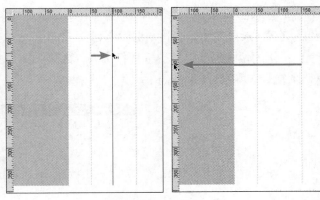
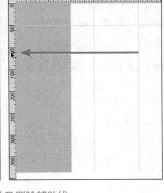

图1-52 移动及删除辅助线

拓展知识

1. 如何安装Flash CS4

要使用Flash CS4进行动画制作，首先需要安装Flash CS4。安装Flash CS4之前需要准备Flash CS4的安装光盘，或者从网上下载Flash CS4的安装文件。安装Flash的方法与安装普通应用程序相同，双击Setup.exe文件启动安装程序，并根据程序提示进行相应的操作即可，其中主要的操作是设置安装路径，一般安装在非系统盘（如D盘）中即可。需要注意的是，在安装Flash CS4时需要对安装环境进行检测，如安装时不能打开IE浏览器、不能打开Adobe产品等，根据提示关闭这些打开的程序再重新安装即可。

2. 将动画文档设置为模板文件

将动画文档设置为模板文件的方法是：打开要制作为模板的动画文档，选择【文件】/【另存为模板】菜单命令，然后在打开的"另存为模板"对话框中，设置模板的名称、类别、描述文本，再单击 保存(S) 按钮即可，如图1-53所示。

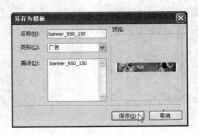

图1-53 另存为模板

课后练习

（1）启动Flash CS4熟悉工作界面，然后分别切换工作界面为"基本功能"、"传统"、"动画"等，观察各工作界面的区别，并选择适合自己的工作界面。

（2）新建大小为950像素×150像素的Banner广告条Flash动画，并导入素材图像（素材参见：光盘:\素材文件\项目一\课后练习\banner.png），注意导入图像素材时要选中"作为单个扁平化的位图导入"复选框进行导入，效果如图1-54所示（最终效果参见：光盘:\效果文件\项目一\课后练习\banner.fla）。

图1-54　制作Banner广告条动画

（3）新建Flash动画，并导入素材图像（素材参见：光盘:\素材文件\项目一\课后练习\炫光.gif），设置文档属性与素材图像大小相同，再发布动画，最终效果（最终效果参见：光盘:\效果文件\项目一\课后练习\炫光.swf）如图1-55所示。

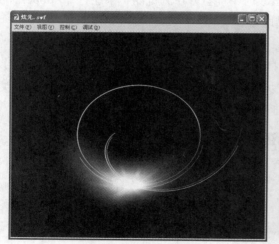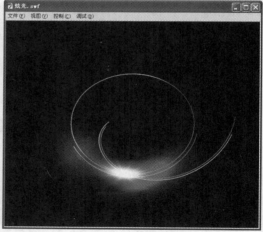

图1-55　制作炫光动画

PART 2

项目二
绘制与编辑图形

情景导入

阿秀：小白，因为你对Flash CS4工具箱中的工具还不熟悉，所以在正式学习Flash动画制作前，一定要先学习这些工具的使用方法与技巧。

小白：是啊，阿秀，我刚才试着画一个圆，却怎么也画不好，在Flash中画圆好难哦！

阿秀：我看看，天啊，你用铅笔工具画圆！难怪会画不圆，如果真画圆了，那说明你的鼠绘基础有些火候了！

小白：听你这么说，画圆好像比较简单？

阿秀：是啊，使用Flash中自带的椭圆工具就可以轻松画圆。

小白：原来如此啊，看来要学好动画，得先学会选择合适的工具。

阿秀：当然，下面我就教你如何使用这些工具吧，不要小瞧这些工具哦，它们会创造奇迹。

学习目标

- 掌握矩形、椭圆工具、多边形及星形等创建规则形状的工具的使用
- 掌握直线、线条、铅笔、钢笔等创建不规则形状的工具的使用
- 掌握填充工具的使用
- 掌握文本工具的使用

技能目标

- 能使用矩形、椭圆形等工具绘制规则形状
- 能使用直线、钢笔等工具绘制曲线等非规则形状
- 能使用填充工具为图形填充颜色
- 能使用文本工具为动画添加文本说明等

任务一 制作宝宝学形状动画

宝宝在成长过程中要认识很多形状，为帮助宝宝能尽快地认识这些形状，本任务将制作一个宝宝学形状的Flash动画，其中涉及月亮、饼干等形状的绘制。

一、任务目标

本例将通过绘制一些规则的形状，帮助宝宝学习认识形状。其制作思路是在传送带的积木上有一个形状，然后宝宝需要将墙上对应的形状找出来。通过本例的学习，可以掌握Flash中绘制规则形状工具的使用方法。本例制作完成后的最终效果如图2-1所示。

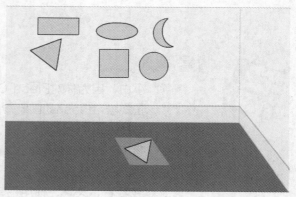

图2-1 "宝宝学形状"动画效果

用Flash制作儿童游戏是目前很流行的一种游戏制作，如"宝宝巴士"推出的系列儿童早教游戏等。

二、相关知识

在学习绘制图形前，需要了解鼠绘的技巧等知识，并要初步学习各工具的使用方法，下面分别对其进行介绍。

（一）了解鼠绘

鼠绘是指在计算机上用鼠标控制相关软件绘制图画。与在纸上绘画的不同之处在于鼠绘的可修改性、可组合性与可动性。纸画是手和笔的结合，而鼠绘则是手、鼠标、软件工具三者的结合。

1. 为什么要学习鼠绘

在制作任何动画之前，必须要先有对象（如小球），然后才能控制对象进行相应的动画（如飘到空中），因此，制作动画的第一步就是绘制对象，没有对象，动画就无从谈起，所以，学习鼠绘是必须经历的过程。

Flash主要分为脚本（ActionScript）与鼠绘两大部分。使用脚本可以做一些特效，而在网络上流行的Flash动画，并不全是由脚本做出来的，大多数漂亮的、给人视觉冲击力大的Flash短片、MTV等还是用鼠绘做出来的。

2. 如何学习鼠绘

如何学习鼠绘是初学鼠绘者最关心的问题，下面介绍一些学习鼠绘的方法与技巧。

● 多观察：许多用户学习鼠绘时最头痛的是画得像不像的问题，特别是做练习时，某些图形没有给定尺寸，做起来就感到束手无策。这就要求我们在生活中养成善于观察的习惯。要善于观察周围的物体，观察其形状、颜色并建立起感性认识。

- **多观摩**：在网上的Flash研讨区有许多鼠绘作品，读者在观看时不妨细心些，从中也能学到很多经验。在学习过程中同时要多看和多练习，取长补短，对于提高自身的鼠绘水平很有帮助。

- **多临摹**：这是初学鼠绘快速入门的可取捷径，也是没有绘画基础的用户学习鼠绘的一个重要方法。在进行鼠绘练习时，不妨先到网上浏览相关的图片，下载几张有参考价值的图片。临摹时注意从中积累鼠绘线条的合理应用、物体形状的正确表达方法及着色等方面的经验。

- **多练习**：这是解决画得像不像、好不好的唯一途径。熟能生巧，许多鼠绘技巧就在大量练习过程中掌握。不要满足课堂上所学的几个实例，有时间不妨从身边简单的物体画起，在成功的喜悦中培养学习鼠绘的兴趣，由浅入深，循序渐进，会使鼠绘水平与日俱增。

- **充分运用软件功能**：Flash软件给我们提供了许多工具，如选择工具、直线工具、钢笔工具、画笔工具、椭圆工具、矩形工具、橡皮擦工具、调色板等，为进行鼠绘提供了很多方便，因此学会最大限度地运用这些工具也是一个很重要的学习方法。

（二）鼠绘技巧

对初学者来说，鼠绘具有一定的难度，但鼠绘也具有一定的绘制技巧，只要多观察和学习别人动画中的形象，找到对象的共同点，学好鼠绘也不是一件难事。常用的绘制方法有：几何图形法、移动组合法、辅助上色法。

1. 几何图形法

几何图形法顾名思义就是用几何图形组合起来绘制图形，使用几何图形法绘制图形时，要注意图形间的组合关系，且绘制好图形后，要对图形进行修饰。使用几何图形法绘制时可配合使用其他绘图工具的使用以满足需要，如图2-2所示。

图2-2　使用几何图形法绘图

2. 移动组合法

移动组合法其实就是将图形的整体细分为若干个局部进行绘制，绘制好局部图形后再将其进行移动，组合成完整的图形，如图2-3所示。

图2-3　使用移动组合法绘图

3. 辅助上色法

通常在填充颜色时都会使用到颜料桶工具，但使用该工具填充颜色时通常会整块地填充，但实际上在填充卡通或其他图形对象时，简单的整块填充在很多时候并不能满足需要，这时就要借用辅助线划分颜色区域，填完颜色后再将辅助线删除，调整出最后的效果，如图2-4所示。

图2-4　使用辅助上色法填充图形

（三）使用选取工具

在Flash CS4中，对图形的选择主要通过选择工具和套索工具来完成。

1. 选择工具

选择工具 是最常使用的工具，通过它可以选择单个图形，也可以通过框选或按【Shift】键选择多个图形。

● 选择单个图形：选择选择工具后，单击要选择的单个图形可选择该图形，如图2-5所示。

● 选择多个图形：选择选择工具后，先按住【Shift】键再单击各个需要选择的图形，或在图形区域左上角按下鼠标左键不放并向右下角区域拖动，在所有要选的图形都包括在框选范围中后释放鼠标左键，完成框选操作，如图2-6所示。

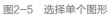

按住【Shift】键

框选

图2-5 选择单个图形

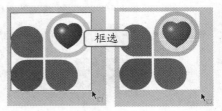

图2-6 选择多个图形

项目二 绘制与编辑图形

2. 套索工具

套索工具 ⌇ 用于选择图形的部分区域，或者选择不规则形状的图形，套索工具组还包括魔术棒 ⌇ 与多边形套索 ⌇ 这两个工具。

- 使用套索工具：选择套索工具 ⌇ 后，按住鼠标左键不放，拖动鼠标将要选择的图形框起来即可，如图2-7所示。
- 使用魔术棒工具：选择套索工具后，在工具选项栏中单击 ⌇ 按钮，选择魔术棒工具，再将鼠标指针移动到要选择的颜色色块区域拖动进行绘制，与绘制区域颜色相近且在同一个区域中的图形即被选中，如图2-8所示。
- 使用多边形套索工具：选择套索工具后，在工具选项栏中单击 ⌇ 按钮，选择多边形套索工具，再将鼠标指针依次移动到要选择区域的各个角点上单击即可，如图2-9所示。

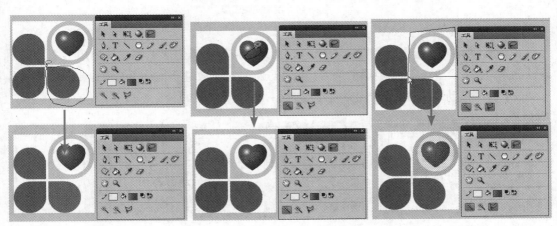

图2-7 使用套索工具　　　　图2-8 使用魔术棒工具　　　　图2-9 使用多边形套索工具

3. 任意变形工具

任意变形工具 ⌇ 虽然主要用于对选取的图形进行变形操作，但它也可以选取对象。选择任意变形工具 ⌇ 后，在要选择的图形上单击即可选中单个图形，按住【Shift】键则可以选择多个图形，如图2-10所示。

知识补充

使用任意变形工具 ⌇ 选择图形时，被选择的图形周围将有8个控制点，通过调整这8个控制点进行相应的变形操作。

图2-10　使用任意变形工具

（四）使用绘图工具

Flash具有强大的矢量绘图功能，下面介绍Flash中绘制规则图形的工具的使用方法。

1. 椭圆工具

利用椭圆工具 可以绘制正圆和椭圆。选择椭圆工具后，按住鼠标左键不放进行拖动可绘制椭圆；如果在按住【Shift】键的同时再进行拖动，则可以绘制正圆，如图2-11所示。

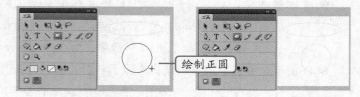

图2-11　使用椭圆工具

2. 矩形工具

在椭圆工具上单击鼠标右键，在弹出的工具组中可选择矩形工具，使用矩形工具 可以绘制正方形、矩形。选择矩形工具后，按住鼠标左键不放进行拖动可绘制矩形；如果按住【Shift】键再拖动，则可以绘制正方形，如图2-12所示。

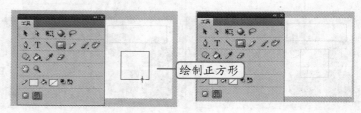

图2-12　使用矩形工具

3. 多角星形工具

使用多角星形工具 可以绘制正多边形或星形图形。选择多角星形工具后，在"属性"面板中单击 选项... 按钮，在打开的对话框中的"样式"下拉列表框中选择"多边形"或"星形"选项，设置边数等属性，将鼠标指针移动到舞台中，按住鼠标左键不放进行拖动即可完成绘制，如图2-13所示。

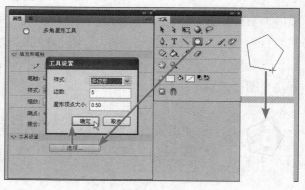

图2-13　使用多角星形工具

三、任务实施

（一）绘制规则几何图形

圆形、矩形及多边形都是规则的几何图形，使用Flash CS4中的相应工具可以轻松绘制，下面绘制游戏场景中需要的各种规则几何图形，具体操作如下。

STEP 1 启动Flash CS4程序后，打开素材文件"宝宝学形状.fla"（素材参见：光盘:\素材文件\项目二\任务一\宝宝学形状.fla）。

STEP 2 在工具箱中选择矩形工具，在笔触颜色色块上单击，然后在弹出的颜色面板中输入颜色值"#271C20"，并按【Enter】键确认，如图2-14所示。

STEP 3 在填充颜色色块上单击，然后在弹出的颜色面板中输入颜色值"#84FF83"，并按【Enter】键确认，如图2-15所示。

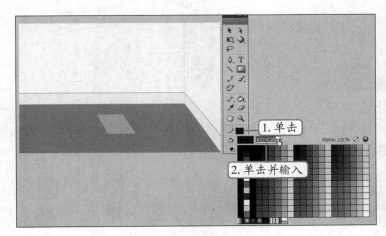

图2-14 设置笔触颜色

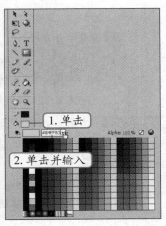

图2-15 设置填充颜色

STEP 4 将鼠标指针移动到舞台中，按住鼠标左键不放进行拖动，至合适大小时释放鼠标，完成矩形的绘制，如图2-16所示。

STEP 5 将鼠标指针移动到舞台中的新位置，按住【Shift】键的同时，按住鼠标左键不放进行拖动，至合适大小时释放鼠标，完成正方形的绘制，如图2-17所示。

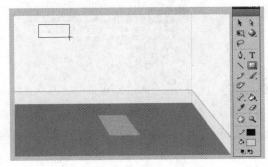

图2-16 绘制矩形

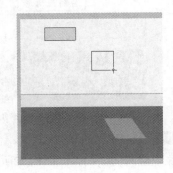

图2-17 绘制正方形

在颜色面板中可直接单击需要的颜色块进行颜色设置，也可单击面板顶部的颜色值区域使其变为可编辑区域后，重新输入颜色值。

STEP 6 将鼠标指针移动到工具箱中的矩形工具图标■上按住鼠标左键不放，稍等片刻，在打开的工具组面板中单击多角星形工具○，如图2-18所示。

STEP 7 选择【窗口】/【属性】菜单命令，打开属性面板，单击 选项... 按钮，在打开的对话框中的"边数"文本框中输入"3"，再单击 确定 按钮，如图2-19所示。

图2-18 选择多角星形工具

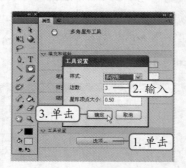

图2-19 设置属性

STEP 8 将鼠标指针移动到舞台中，按住鼠标左键不放进行拖动，至合适大小时释放鼠标，完成三角形的绘制，如图2-20所示。

在拖动绘制三角形过程中，可以左右调整鼠标以控制三角形顶点的位置。

STEP 9 将鼠标指针移动到工具箱中的多角星形工具上，按住鼠标左键不放，在打开的工具组面板中选择椭圆工具，如图2-21所示。

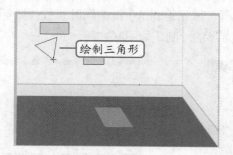

图2-20 绘制三角形

图2-21 选择椭圆工具

STEP 10 将鼠标指针移动到舞台中，按住鼠标左键不放进行拖动，至合适大小时释放鼠标，完成椭圆的绘制，如图2-22所示。

STEP 11 将鼠标指针移动到舞台中的新位置，按住【Shift】键的同时拖动鼠标，至合适大小后释放鼠标，完成正圆的绘制，如图2-23所示。

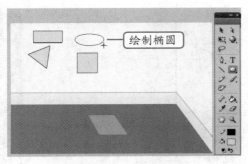

图2-22 绘制椭圆

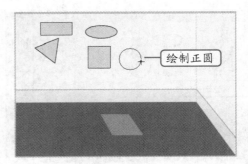

图2-23 绘制正圆

（二）绘制月亮

月亮的绘制比较简单，可由两个圆组合，并删除多余的部分及线条来实现，具体操作如下。

STEP 1 在舞台合适位置绘制一个正圆，然后再绘制一个椭圆，绘制时要注意椭圆的形状，如果对绘制的椭圆与正圆所切出的月亮形状不满意，可以立即按【Ctrl+Z】组合键取消刚才的椭圆绘制，再重新绘制椭圆，如图2-24所示。

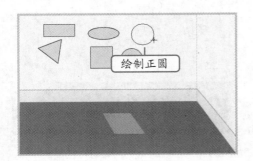

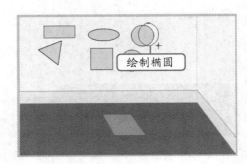

图2-24 拼合月亮形状

STEP 2 选择选择工具，在绘制的椭圆填充区域中双击选中椭圆区域及椭圆线框，在按住【Shift】键的同时，单击正圆与椭圆相交的线条以取消该线条的选中状态，最后按【Delete】键删除多余的图形及线条，如图2-25所示。

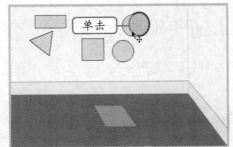

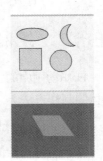

图2-25 删除多余图形及线条

STEP 3 选择任意变形工具，将鼠标指针移动到舞台中的三角形填充区域，双击以选择三角形填充区域及边框，按住【Alt】键的同时拖动鼠标将三角形复制到传送带中的橙色方块上，如图2-26所示。

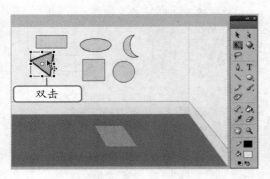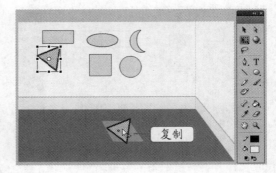

图2-26　复制三角形

STEP 4 将鼠标指针移动到左下角的控制柄上，按住鼠标左键不放拖动以缩小三角形，至合适大小时释放鼠标，再按键盘上的方向键调整三角形的位置，使其位于橙色色块中央，完成的最终效果如图2-27所示（最终效果参见：光盘:\效果文件\项目二\任务一\宝宝学形状.fla）。

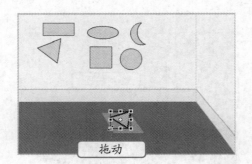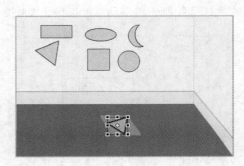

图2-27　调整三角形大小

知识补充

按住【Alt】键的同时拖动选择的图形，可复制出一个新的同样形状的图形；按住【Shift】键的同时进行拖动，可限制对象进行水平或竖直方向上的移动；按住【Alt+Shift】组合键并拖动，则可复制对象并限制其在水平或竖直方向上进行移动。

任务二　绘制卡通头像

Flash动画中的主角通常以卡通形象的方式出现，本任务将制作一个卡通头像，下面介绍具体的制作方法。

一、任务目标

本例将练习绘制一个卡通头像，由于其制作稍微复杂，因此制作本例时将采用临摹的方式完成。在制作过程中首先锁定背景图层，再新建图层，在新建图层中进行头像的绘制。绘制时采用从上到下、从左到右、从外到里的方式。通过本例的学习，可以掌握Flash中绘制线条工具、钢笔工具等工具的使用方法。本例制作完成后的最终效果如图2-28所示。

在Flash角色动画中，卡通形象的塑造是非常重要的，即绘制卡通形象很重要，卡通形象的表情、动作，再加上配音解说，就可以创造出一部有趣的动画。

图2-28 卡通头像

二、相关知识

绘制角色是一个需要较多经验的工作，比如在绘制人物角色时，首先可以学画人物头像，然后再学习绘制人物半身，最后才是绘制人物的全身。下面介绍Flash中绘制人物、动物及鱼、鸟等角色的方法与技巧。

（一）绘制人物角色

人体的组成比较复杂，而且由于年龄、性别、长相、喜好等各方面的不同，人物角色个体差异相当大，其绘制难度也比较大，但也并不是无规律可循，下面就绘制人物角色中的一些绘制规律和技巧进行讲解。

1. 绘制头部

头部是塑造个性化人物的关键，一张夸张的脸型、一个夸张的表情，都是角色深入观众心中的要决。在头部的绘制过程中，非常重要的是脸型以及脸部表情的绘制。现实生活中，常见的脸型大致分为：方块形、三角形、梨形、菱形、圆形等几种，因此在绘制人物脸部时，可以根据这些形状的特点，借用标准的几何形状进行变异、组合，从而得到相应的脸型，如图2-29所示，即利用不同的三角形及圆形完成头部的绘制。

2. 绘制眼睛

眼睛是心灵的窗户，是表现一个人的感情及心态的重要器官，在人物角色绘制时特别重要。绘制眼睛的方法如图2-30所示。

图2-29 绘制头部

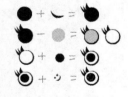

图2-30 绘制眼睛

3. 绘制表情

人物形象是否生动，其表情是决定性因素之一。人物的表情除了眼睛，还需要嘴、耳朵、鼻子、头发、眉毛等一起表现。其他器官的画法与眼睛的画法十分相似，如绘制嘴图形，可先画一个桃形基本图形，加上边缘及挖去唇缝，并加上高光亮点，即可完成。图2-31所示为常见表情（哭、笑、怒、愣）的绘制效果图，用户可在借鉴的基础上，发挥自己的想象，完成更丰富的表情绘制。

图2-31　绘制表情

4. 绘制手

人的工作离不开手，如果说头脑是一个方向，那手则是这个方向的实现者。在绘制卡通人物时，常将手简化，也就是卡通常用"四指之手"，即通过4个手指来进行表现，如图2-32所示。

图2-32　绘制手

（二）绘制动物角色

在卡通绘画中，由于动物的种类较多，所以在绘画手法上也有所不同，这里以哺乳类、鸟类及鱼类动物为例进行讲解。

1. 哺乳类动物

哺乳类动物多数在陆地上生活，更接近人类，在表现手法上比较容易掌握，甚至很多地方都可以以人物的形式进行表现，例如，眼睛就可以像卡通人物的眼睛一样，表情也可以拥有喜怒哀乐，如图2-33所示即为拟人化的牛先生，在绘制时，抓住牛角、牛眼、牛鼻等较为突出的特征，融入人类特有的感情因素来表现，使其成为卡通世界里的一个角色。

图2-33　牛先生

2. 鸟类动物

鸟有很多种类，如老鹰、海鸥等，种类虽多，但老鹰和海鸥却有相同的地方，那就是"翅膀"、"爪"、"嘴"，因此在画鸟类时可以在这几方面进行修改变化，便可以画出成千上万的鸟儿来，如图2-34所示即为绘制的不同的两只鸟。

图2-34　两只不同的鸟

可爱型的卡通鸟儿，一般宜采用亮丽的颜色(如黄、红、绿、浅蓝等)进行填充，如果是凶猛或通常所说的坏家伙，那么可使用深色（如黑、灰、褐等）进行填充。

3. 鱼类动物

由于鱼类的形态简单，所以可以采用图形法来绘制，根据不同的图形设计出相似的鱼类。比较常用的是椭圆形、圆形、柠檬形、菜刀形等，如图2-35所示即为绘制的常见卡通鱼类。

图2-35　绘制鱼类卡通

（三）绘制线条

线条包括直线、平滑曲线和不规则曲线，在Flash中可以使用线条工具、铅笔工具及钢笔工具进行直线或曲线的绘制，其中钢笔工具的功能最为强大，但使用难度也最大。

1. 线条工具

线条工具是绘制直线的工具，在工具箱中选择线条工具后，将鼠标指针移动到舞台中，按住鼠标左键拖动，至终点位置时释放鼠标左键即可绘制一条直线。

2. 铅笔工具

铅笔工具与大家平时使用的铅笔一样，可以绘制任意曲线或直线，其使用方法与使用真实的铅笔一样，选择铅笔工具后，按住鼠标左键不放进行拖动即可绘制任意曲线，如果要绘制直线，需按住【Shift】键的同时再拖动。

3. 钢笔工具

钢笔工具的功能非常强大，也是最常用的绘制线条的工具，除了可以绘制任意曲线或直线外，还可以通过调整控制柄来调整曲线的曲率。在工具箱中选择钢笔工具后，将鼠标指针移动到舞台中单击确定第一个锚点，然后移到其他位置单击即可完成一条直线的绘制，如果是绘制曲线，则在单击第二点的时候，单击鼠标左键，并按住不放进行拖动，此时即可创建曲线，且根据鼠标拖动的方向与距离的不同，曲线的形状也不相同，如图2-36所示。

　　如果对绘制的曲线不满意，可在选择钢笔工具后，将鼠标指针移动到要调整曲线的锚点上，按住【Alt】键的同时进行拖动，即可显示出调节杆，沿着合适的方向进行拖动调节杆，并注意控制距离，即可完成曲线曲率的调整，如图2-37所示。

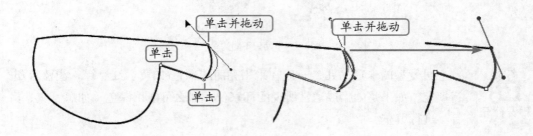

图2-36　使用钢笔工具　　　　　　　　　　　　　图2-37　调整曲率

　　选择钢笔工具后，按住【Alt】键将切换为转换锚点工具 。单击锚点可转换锚点的类型，如将曲线锚点转换为直线锚点，即将曲线转换为直线，如图2-38所示。

图2-38　曲线转换为直线

　　选择钢笔工具后，按住【Ctrl】键将切换为部分选取工具 ，单击锚点可选择要对其进行操作的锚点。当要对锚点进行操作，如调整曲线、移动位置等时，必须先选中锚点，然后才能进行调整操作，如图2-39所示。

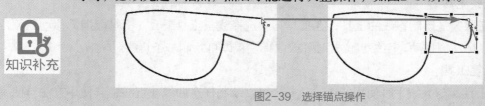

图2-39　选择锚点操作

　　选择锚点后，锚点处如果有调节杆，则可以通过调整调节杆进行曲线形状的调整。如图2-40所示，选择锚点后出现两条调节杆，按住【Ctrl】键切换为部分选取工具 ，拖动调节杆，锚点两侧的曲线一起跟着进行调整。如果按住【Alt】键再拖动调节杆，则仅锚点一侧的曲线跟着调整，如图2-41所示。根据此特征，用户在进行曲线调整时，即可灵活使用相应的按键以选择相应的调整方式进行曲线形状的调整。

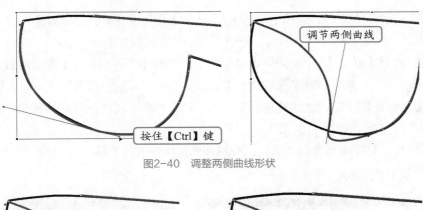

图2-40 调整两侧曲线形状

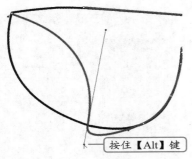

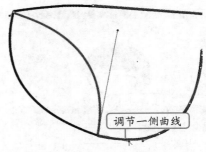

图2-41 调整一侧曲线形状

知识补充

选择钢笔工具后，按住【Ctrl】键并在曲线上单击，可选择整个曲线并显示锚点。将鼠标指针移动到曲线上至鼠标指针变为█形状时，单击可增加锚点。选择锚点后，按【Delete】键可删除锚点。将鼠标指针移动到未封闭曲线的末封闭端锚点上，当鼠标指针显示█形状时，单击则可以继续完成封闭曲线的操作。

知识补充

使用钢笔工具绘制好曲线后，除可以使用钢笔工具配合【Ctrl】键或【Alt】键对曲线进行调整外，也可在曲线状态下选择使用选择工具。选择该工具将鼠标指针移动到曲线上至鼠标指针变为█形状时，按住鼠标左键不放进行拖动，以调整曲线的形状。使用此方法进行调整时，相对更方便一些，如图2-42所示。

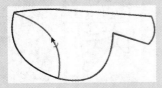
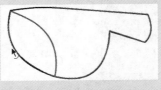
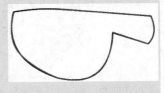

图2-42 调整曲线形状

三、任务实施

（一）绘制发型

下面使用直线工具及选择工具完成卡通头像发型的绘制，其具体操作如下。

STEP 1 启动Flash CS4，选择【文件】/【打开】菜单命令，打开素材文件"卡通形象.fla"（素材参见：光盘:\素材文件\项目二\任务二\卡通形象.fla）。

STEP 2 选择【窗口】/【时间轴】菜单命令，或按【Ctrl+Alt+T】组合键打开时间轴面板，在"图层 1"的🔒列中单击🔒图标使其变为🔒形状，即锁定该图层。再单击时间轴面板左下角的🔲按钮新建图层，选择新建图层的第一帧，然后双击时间轴面板标题栏以折叠时间轴面板，如图2-43所示。

STEP 3 在工具箱中选择线条工具，在属性面板中设置"笔触"为"2.00"，笔触颜色为红色，如图2-44所示。

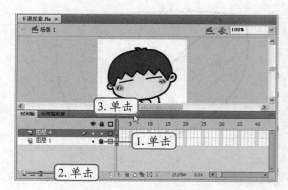

图2-43 锁定并新建图层

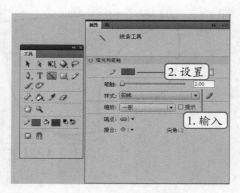

图2-44 设置线条工具属性

操作提示

在工具箱面板中也可直接单击图标 ✎■ ◇■ ▣↔ 设置笔触颜色。

STEP 4 将鼠标指针移动到舞台中卡通人物的发际左侧，拖动鼠标绘制出如图2-45所示的折线。

STEP 5 现使用线条工具绘制如图2-46所示的两条直线。

图2-45 绘制折线

图2-46 绘制直线

STEP 6 在工具箱中选中选择工具，将鼠标指针移动到直线上，按住鼠标左键不放进行拖动，以调整直线为曲线，如图2-47所示。

STEP 7 选择铅笔工具，将鼠标指针移动到舞台中，像使用真实铅笔一样，绘制出如图2-48所示的头发。

图2-47　调整直线为曲线　　　　　　　　　　　　图2-48　绘制头发

STEP 8　打开时间轴面板，隐藏图层1，然后再次选中选择工具，按【M】键放大显示舞台，查看绘制的发型细节部分。若有未闭合的部分，则选择某一端并拖动到未封闭曲线另一端，将两端闭合，如图2-49所示。

STEP 9　将右侧耳际的直线调整为曲线，如图2-50所示，完成发型的绘制。

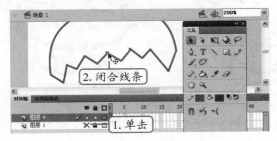

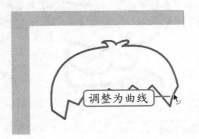

图2-49　闭合线条　　　　　　　　　　　　　图2-50　调整直线为曲线

（二）绘制脸型

下面使用钢笔工具完成脸型的绘制，其具体操作如下。

STEP 1　选择钢笔工具，在属性面板中设置笔触为"4.00"，如图2-51所示。

STEP 2　取消图层1的隐藏，选择新建图层的第一帧，并单击时间轴面板标题栏以折叠时间轴，如图2-52所示。

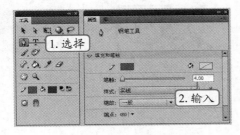

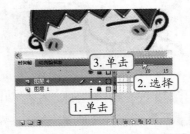

图2-51　设置钢笔工具笔触　　　　　　　　图2-52　显示图层并折叠时间轴面板

STEP 3　将鼠标指针移动到右侧耳际的曲线上单击以增加锚点，再将鼠标指针移动到耳朵中间部分，按住鼠标左键不放进行拖动，完成半个耳朵曲线的绘制，如图2-53所示。

STEP 4　将鼠标指针移至右侧耳垂部分，按住鼠标左键不放进行拖动，完成整个耳朵曲线的绘制，如图2-54所示。

图2-53 绘制半个耳朵曲线

图2-54 绘制整个耳朵曲线

STEP 5 将鼠标指针移动到耳垂部分的锚点上单击以转换锚点类型，如图2-55所示。

STEP 6 采用相同的方法，完成其他脸部曲线的绘制，如图2-56所示。

图2-55 转换锚点类型

图2-56 完成脸部轮廓曲线的绘制

STEP 7 选择选择工具，将鼠标指针移动到下巴部分曲线上以调整曲线的曲率，如图2-57所示。

STEP 8 选择钢笔工具，绘制如图2-58所示的眼睛。绘制完右眼曲线后，按【Esc】键退出曲线绘制，然后再选择钢笔工具并绘制另一只眼睛。

图2-57 调整曲线曲率

图2-58 绘制眼睛

STEP 9 选择铅笔工具，在右耳中绘制耳廓，如图2-59所示。

STEP 10 绘制左耳耳廓，如图2-60所示。

STEP 11 选择钢笔工具，绘制左侧腮红，如图2-61所示。

STEP 12 绘制右侧腮红，如图2-62所示。

STEP 13 选择铅笔工具，绘制右侧两点，如图2-63所示。

STEP 14 绘制左侧两点，如图2-64所示。

STEP 15 打开时间轴面板，隐藏图层1，完成本例制作，最终效果如图2-28所示（最终效果参见：光盘:\效果文件\项目二\任务二\卡通形象.fla）。

图2-59 绘制右耳廓

图2-60 绘制左耳廓

图2-61 绘制左侧腮红

图2-62 绘制右侧腮红

图2-63 绘制右侧两点

图2-64 绘制左侧两点

知识补充　　对于短小的曲线，可以使用铅笔工具直接进行绘制，对于长而较复杂的曲线，则最好使用线条工具或钢笔工具进行绘制。另外，根据实际需要，可适当增加或减少锚点，以方便控制曲线的形状。

任务三　为卡通上色

世界万物都有色彩，丰富的色彩构成了这个美丽的世界。本任务将为"黑叔"卡通上色，让"黑叔"变得帅气英俊。

一、任务目标

本例将练习为"黑叔"卡通上色，在制作时根据卡通人物不同部分可能具有的效果而选择不同的上色工具进行上色。通过本例的学习，用户可以学会使用上色工具上色的方法。本例完成后的效果如图2-65所示。

图2-65　为卡通上色

二、相关知识

本例中的上色操作主要是通过颜色面板、设置填充颜色及颜料桶工具等实现。下面先对这些工具的使用进行介绍。

（一）使用填充颜色工具上色

当创建好封闭区域时将自动使用填充颜色工具进行填色，如在绘制圆时，若事先设置了填充颜色为红色，则在完成圆的绘制后会自动填充为红色，如图2-66所示。

在工具箱中单击填充颜色色块后，将打开拾色器，在其中可进行颜色的设置，如图2-67所示，其中比较常见的选项如下。

图2-66　使用填充颜色进行上色

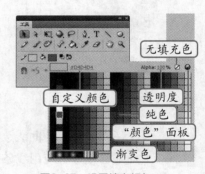

图2-67　设置填充颜色

- 纯色：在打开的拾色器中单击具体的色块（如红色）可完成纯色的设置。如果拾色器中没有需要的颜色，则可单击顶部的十六进制色码使其变为可编辑状态，再输入新的色码，然后按【Enter】键确认。

- 渐变色：拾色器中默认提供了几组渐变色，包括线性渐变、放射状渐变等渐变风格，单击相应的色块即可设置为相应的渐变风格。

- Alpha：Alpha用于设置颜色的透明度，用百分比表示。透明度降低时（如Alpha为50%时），在视觉上感觉比原始颜色（Alpha为100%）淡一些。

- 无填充色：单击图标☑，将取消填充色，即无填充色。

- "颜色"面板：单击图标●，将打开"颜色"面板，如图2-68所示，在其中可以拾取更多的颜色，或者拾取与当前颜色不同饱和度下的颜色（这种方法在确定渐变色时非常有用），或者通过输入具体的红、绿、蓝色的值确定填充颜色。

图2-68　设置颜色

（二）使用颜色面板设置填充色

在颜色面板中可设置比工具箱中更多的填充效果。选择【窗口】/【颜色】菜单命令，或按【Ctrl+Shift+9】组合键打开颜色面板，在"类型"下拉列表框中选择相应的类型，再进行具体的颜色设置，即可完成填充色的设置，如图2-69所示。

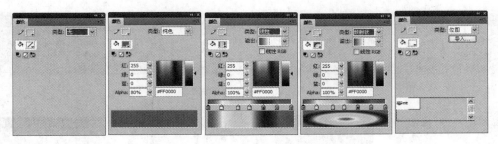

图2-69　颜色面板

- 设置无填充色：在"类型"下拉列表框中选择"无"选项即可。
- 设置纯色：在"类型"下拉列表框中选择"纯色"选项，然后设置红、绿、蓝的值，或直接输入十六进制色码（如#FF0000），并可根据需要调整Alpha的值。
- 设置线性：在"类型"下拉列表框中选择"线性"选项，然后选择色标，再进行具体的颜色设置即可。如果要添加色标，将鼠标指针移动到任意两个色标之间单击；如果要删除色标，选择该色标后按【Delete】键即可（注意必须至少有两个色标存在，如果色标仅为两个时，将不能再删除色标）。
- 设置放射状：在"类型"下拉列表框中选择"放射状"选项，然后选择色标，再进行具体的颜色设置即可。
- 设置位图：在"类型"下拉列表框中选择"位图"选项，如果当前源文件中没有位图，则会先打开"导入到库"对话框，选择位图后即可以位图的方式进行填充。如果当前源文件中已有不少位图，则在选择"位图"选项后，可直接在下方的位置文本域中选择位图。

（三）使用颜料桶工具

使用颜料桶工具 可为图形填充颜色，可对全封闭区域进行颜色填充，也可以对未封闭区域进行填充。选择颜料桶工具后，在工具选项栏中单击按钮 ，在打开的菜单中可选择空隙的大小及是否为封闭的空隙，如图2-70所示。设置好填充颜色及空隙大小后，将鼠标指针移动到填充区域中，单击即可完成颜色填充，如图2-71所示。

图2-70　设置空隙大小

图2-71　填充颜色

（四）滴管工具

滴管工具 可以从舞台中的其他图形中获取色块、位图、线段的属性，从而应用于其他对象。滴管工具可以进行以下几种采样填充：矢量色块的采样填充、矢量线条的采样填充、位图、文字的采样填充，如图2-72、图2-73、图2-74及图2-75所示。

图2-72　吸取矢量色块并填充颜色

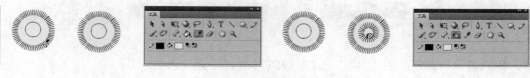

图2-73　吸取线条样式并填充

图2-74　吸取位图并填充

图2-75　吸取文本颜色及样式

使用滴管吸取位图时，应先将位图打散为矢量图。选择位图后，按【Ctrl+B】组合键即可将位图打散为矢量图。

使用滴管吸取文本颜色及样式时，应先选择要应用样式的文本，再使用滴管工具吸取具有样式的文本即可。

三、任务实施

（一）纯色填充

纯色填充是最简单的上色方式，下面为卡通图形进行纯色填充，具体操作如下。

STEP 1 启动Flash CS4后，选择【文件】/【打开】菜单命令打开"黑叔.fla"（素材参见：光盘:\素材文件\项目二\任务三\黑叔.fla）。

STEP 2 在工具箱中选择颜料桶工具，设置填充颜色为黑色，如图2-76所示。

STEP 3 将鼠标指针移动到舞台中卡通人物的鞋上单击，完成黑色填充，如图2-77所示。

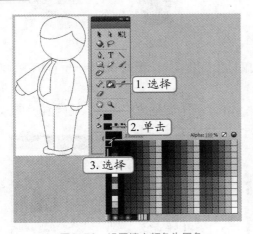

图2-76 设置填充颜色为黑色

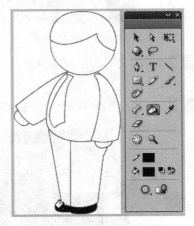

图2-77 填充颜色

STEP 4 再分别将鼠标指针移动到卡通人物右侧裤子及衣袖上单击，为右侧衣裤填充黑色；再在颜色面板中输入颜色值"#2D2C2D"并按【Enter】键确认，填充左侧裤子及衣袖，如图2-78所示。

STEP 5 在颜色面板中输入颜色值"#E8BC8F"并按【Enter】键确认，再为卡通人物右手填充颜色，如图2-79所示。

STEP 6 在颜色面板中输入颜色值"#F7E4D5"并按【Enter】键确认，再为卡通人物左手填充颜色，如图2-80所示。

STEP 7 在颜色面板中输入颜色值"#E9BE96"并按【Enter】键确认，再为卡通人物脸部填充颜色，如图2-81所示。

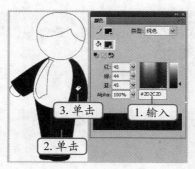

图2-78　为左侧衣裤填色

图2-79　为右手填色

图2-80　为左手填色

图2-81　为脸部填色

STEP 8　在颜色面板中单击 ▆ 按钮，将鼠标指针移动到如图2-82所示位置单击，将填充色设置为白色。

STEP 9　将鼠标指针移动到卡通人物领带上单击，为领带填充白色，如图2-83所示。

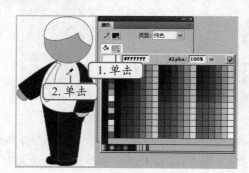

图2-82　吸取颜色

图2-83　为领带填色

（二）填充渐变色

渐变色的填充稍复杂一些，下面为卡通人物的头发及身体部分填充渐变色，具体操作如下。

STEP 1　在颜色面板"类型"下拉列表框中选择"线性"选项，选择左侧的色标，输入颜色"#767674"，如图2-84所示。

STEP 2　选择右侧色标，输入颜色"#000000"，如图2-85所示。

图2-84 设置左侧色标颜色

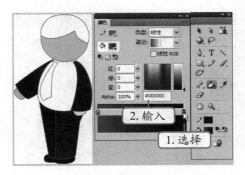
图2-85 设置右侧色标颜色

STEP 3 将鼠标指针移动到卡通人物头部右上方，按住鼠标左键不放，向左下角拖动，完成线性渐变的填充，如图2-86所示。

操作提示 进行线性填充时，可以采用单击或拖动法进行填充。使用拖动法填充时，可以控制线性渐变的方向；而采用单击填充时，则使用默认的线性渐变方向进行填充。

STEP 4 在工具箱中选择渐变变形工具 ，在头部填充区域单击，然后将鼠标指针移动到 图标上，按住鼠标左键不放向右下角拖动一小段距离后释放鼠标，使填充区域中灰白色区域所占比例增大一些，如图2-87所示。

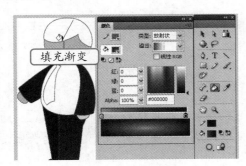
图2-86 填充线性渐变

图2-87 调整渐变

STEP 5 选择颜料桶工具，在颜色面板"类型"下拉列表框中选择"放射状"选项，将鼠标指针移动到卡通人物身体部分单击，完成放射状渐变的填充，如图2-88所示。

STEP 6 选择渐变变形工具，在身体填充区域单击，然后将鼠标指针移动到 图标上，按住鼠标左键不放向里拖动，以缩小灰白色高光区域的范围，如图2-89所示。

STEP 7 选择选择工具，双击裤脚处的红色线条，再按住【Shift】键双击领带区域的红色线条，然后按【Delete】键删除选择的红色线条，如图2-90所示。完成图形的填充（最终效果参见：光盘:\效果文件\项目二\任务三\黑叔.fla）。

知识补充 使用选择工具双击线条时，与双击处线条相连的线条将全部被选中。按住【Shift】键再单击或双击，可以在原有选择线条的基础上增加选择。

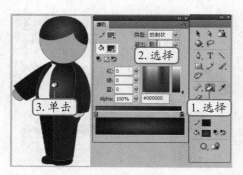

图2-88　填充放射状渐变

图2-89　调整渐变

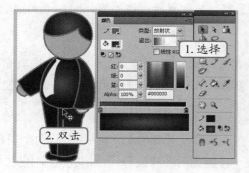

图2-90　选择并删除红色线条

任务四　制作漂亮的贺卡

每逢佳节，亲朋常互送贺卡以示祝贺。本任务中将制作一张漂亮的贺卡。

一、任务目标

本例将练习制作一张感谢卡，在制作时主要包括输入文本并对文本进行样式设置。通过本例的学习，用户可以学会使用文本工具输入文本的方法，以及对输入的文本进行美化设置的方法。本例完成后的效果如图2-91所示。

图2-91　感谢卡

行业提示

贺卡是人们在遇到喜庆的节日或事件的时候互相表示问候的一种卡片。贺卡上一般有一些祝福的话语。

二、相关知识

本例的制作主要通过文本工具、墨水瓶及滤镜等工具完成。下面先对这些工具的使用进行介绍。

（一）文本工具

文本工具 **T** 主要用于输入和设置动画中的文字，利用文本工具可以创建静态文本，还可以创建动态文本或输入文本，如图2-92所示。

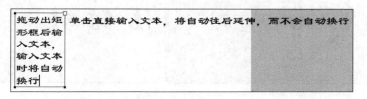

图2-92　三种文本类型

选择文本工具后，将鼠标指针移动到舞台中，单击或拖动绘制一个矩形框，然后输入文本即可，如图2-93所示。

图2-93　输入文本

选择输入的文本后，在"属性"面板中可设置文本的样式，如修改为动态文本、输入文本，以及字体、颜色、是否显示边框等，如图2-94所示。

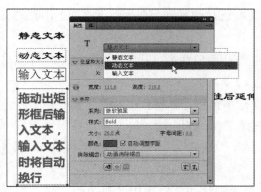

图2-94　设置文本属性

（二）墨水瓶工具

墨水瓶工具 可以为矢量线段进行颜色的填充，也可用于为填充色块加上边框，但不能对矢量色块进行填充。在工具箱中选择墨水瓶工具，在"属性"面板中设置笔触大小、颜色、样式等属性后，将鼠标指针移动到需要填色的线条上单击，即可为线条填充颜色，也可单击色块边缘为色块添加边框，如图2-95所示。

图2-95　填充线条或添加边框

（三）文本滤镜

选择文本后，在"属性"面板的"滤镜"栏中可为文本添加投影、模糊、渐变发光等滤镜效果。在"滤镜"栏底部单击▪按钮，在打开的菜单中选择相应的滤镜名称，再对滤镜进行相应的参数设置，即可制作出漂亮的文本特效，如图2-96所示。

图2-96　文本滤镜

三、任务实施

（一）添加感谢文本

贺卡中比较重要的是文本，本例将在已有素材图片的基础上，为贺卡添加上漂亮的感谢文本，其具体操作如下。

STEP 1 　启动Flash CS4，选择【文件】/【打开】菜单命令打开"谢谢有你.fla"（素材参见：光盘:\素材文件\项目二\任务四\谢谢有你.fla）。

STEP 2 　在工具箱中选择文本工具**T**，将鼠标指针移动到舞台中心形图案的左上角，单击并输入文本"有你的日子，"，然后选择选择工具，选中输入的文本，在属性面板"字符"栏中设置字体为"华康娃娃体W5"，大小为"30.0"，字母间距为"-5.0"，颜色为"#E57898"，如图2-97所示。

STEP 3 　在属性面板中展开"滤镜"栏，单击▪按钮，在弹出的菜单中选择"渐变发光"菜单命令，如图2-98所示。

STEP 4 　设置"强度"为"107%"，"角度"为"45度"，"距离"为"3像素"，"渐变"颜色为白色，如图2-99所示。

STEP 5 　选择选择工具，按住【Alt】键，将鼠标指针移动到输入的文本上，按住鼠标左键不放向左下角拖动，至合适位置后释放鼠标，再使用相同的方法继续复制文本，如图2-100所示。

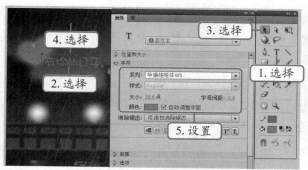
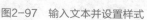

图2-97 输入文本并设置样式

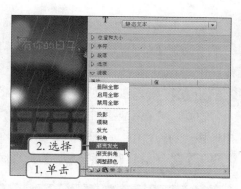

图2-98 添加滤镜

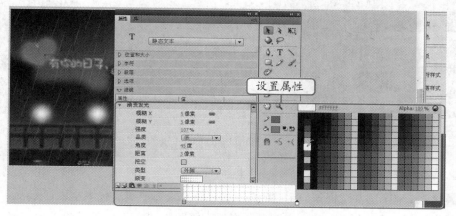

图2-99 设置滤镜属性

STEP 6 将鼠标指针移动到复制的第一个文本处双击，系统将自动切换为文本工具，选择文本并重新输入文本"我很快乐！"，如图2-101所示。

图2-100 复制文本

图2-101 修改文本

由于所需输入的文本样式相同，因此可先设置好文本样式，然后通过复制修改的方法快速完成其他文本的添加。

STEP 7 使用相同的方法，将最后一个"有你的日子，"修改为"谢谢有你！"。

（二）制作Replay文本

下面制作Replay文本，在制作前需要先绘制一个云形底图，再输入文本并设置样式，具体操作如下。

STEP 1 新建图层并选择新建图层的第一帧，再选择钢笔工具，在属性面板中设置笔触为"2.00"，在工具箱中设置笔触颜色为"#CC9226"，填充颜色为"#FFFFC9"，将鼠标指针移动到舞台中，绘制如图2-102所示的云形底图。

STEP 2 选择颜料桶工具，为云形底图填充颜色，如图2-103所示。

图2-102　绘制云形底图　　　　　　　　　　　　　图2-103　填充颜色

STEP 3 新建图层并选择新建图层的第一帧，选择文本工具，输入文本"Replay"，再在属性面板中设置"大小"为"16.0点"，"字母间距"为"0.0"，颜色为"#E5A4A8"，如图2-104所示。

STEP 4 选择文本，按【Ctrl+B】组合键两次将文本打散为矢量图，再选择墨水瓶工具，在属性面板中设置笔触为"0.50"，在工具箱中设置笔触颜色为白色，放大舞台显示，再将鼠标指针移动到舞台中的各字母边缘处单击以便为其添加边框，如图2-105所示。

图2-104　输入文本　　　　　　　　　　　　　　图2-105　添加边框

STEP 5 设置填充颜色为"#E47797"，再次为"Replay"添加边框，完成设置（最终效果参见：光盘:\效果文件\项目二\任务四\谢谢有你.fla）。

实训一 绘制"船"场景

【实训要求】

公司最近要制作一款关于船的游戏，场景中要求有一座小山，有波浪的海及一艘帆船。

【实训思路】

本场景可以使用椭圆、矩形及三角形等规则形状组合、调整而成。如小山可以使用椭圆形完成、帆船则可由三角形完成，有波浪的海则可以使用矩形及椭圆组合而成。本实训的参考效果如图2-106所示。

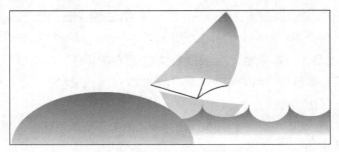

图2-106 绘制"船"场景

【步骤提示】

STEP 1 启动Flash CS4，设置源文件属性中的尺寸为352像素×151像素，保存源文件为"船.fla"。

STEP 2 选择多角星形工具，设置边数为3，笔触颜色为红色、填充颜色为无，再绘制两个三角形，如图2-107所示。

STEP 3 选择选择工具，对绘制的三角形形状，包括移动角点位置等进行调整。然后设置线性渐变，颜色分别为"#FF5E39"、"#FFD106"、"#E5E219"、"#16FCE8"，使用颜料桶工具对上方的三角形进行填充，如图2-108所示。

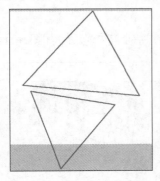

图2-107 绘制三角形

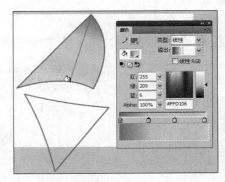

图2-108 调整形状并填充线性渐变

STEP 4 在颜色面板中删除多余的色标，只保留两个，然后设置颜色为"#84EFFF"及"#FFFFFF"，再为下方的三角形填充线性渐变色，如图2-109所示。

STEP 5 选择并删除三角形边框线，设置笔触颜色为"#960C0C"，选择钢笔工具，绘制出如图2-110所示的线条并使用选择工具对最右侧的线条进行调整。

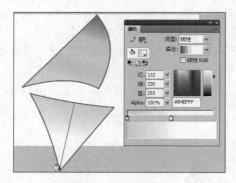

图2-109　填充颜色

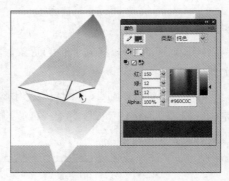

图2-110　绘制线条

STEP 6　新建图层，设置笔触颜色为红色，填充颜色为黑色，绘制矩形及多个相连的椭圆形，再设置线性填充颜色为"#0F96FF"及"#FFFFFF"，选择颜料桶工具，为矩形块填充线性渐变，如图2-111所示。

STEP 7　双击红色线条，按住【Shift】键的同时单击各个黑色椭圆，再按【Delete】键将其删除，如图2-112所示。

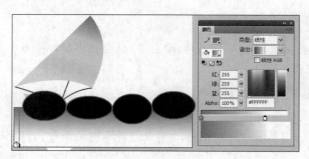

图2-111　填充颜色

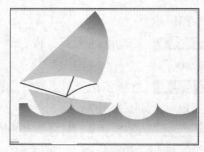

图2-112　删除线条及椭圆

STEP 8　新建图层，设置线性填充颜色为"#10A910"及"#FFFFFF"，绘制如图2-113所示的椭圆。

STEP 9　选择渐变变形工具，并选择椭圆填充部分，旋转并缩小渐变范围，如图2-114所示。

图2-113　绘制椭圆

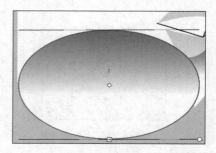

图2-114　调整渐变

STEP 10　选择选择工具，双击选择椭圆外的红色线条，按【Delete】键将其删除，再使用框选的方法选择超出舞台部分的图形，并按【Delete】键进行删除，如图2-115所示，完成

"船"的制作（最终效果参见：光盘:\效果文件\项目二\实训一\船.fla）。

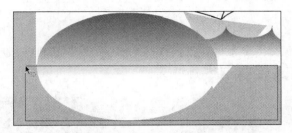

图2-115　删除多余线条及图形

实训二　绘制"睡人"轮廓

【实训要求】

打开提供的素材源文件（素材参见：素材文件\项目二\实训二\睡.fla），为图中的"睡人"勾画轮廓线，最终效果如图2-116所示。

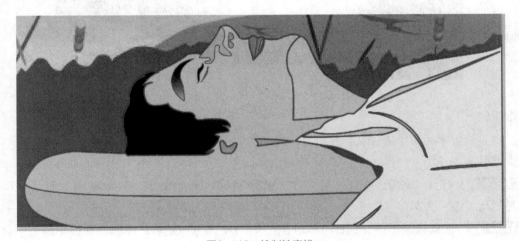

图2-116　绘制轮廓线

【实训思路】

本实训对鼠绘功底要求较高，因此提供了人物图，实际制作时参照人物图，使用钢笔工具、线条工具进行绘制，并使用选择工具等对绘制的线条进行调整。

【步骤提示】

STEP 1 　打开"睡.fla"源文件，使用钢笔工具绘制人物最外层轮廓线。

STEP 2 　分区块绘制，如头发、脸部、手及衣服等。

STEP 3 　绘制细节部分，如衣服上的褶皱等，完成绘制（最终效果参见：光盘:\效果文件\项目二\实训二\睡.fla）。

实训三 制作"献给你"贺卡

【实训要求】

打开提供的素材源文件（素材参见：素材文件\项目二\实训三\献给你.fla），为贺卡添加文本及心形图形，最终效果如图2-117所示。

图2-117 制作"献给你"贺卡

【实训思路】

本实训要求为贺卡添加文本并设置样式，然后绘制心形图形。

【步骤提示】

STEP 1 打开"献给你.fla"源文件，新建图层，选择文本工具，输入"献给最"、"的"及"你"文本。

STEP 2 选择选择工具，选择文本"献给最"及"的"文本，在属性面板中设置字体为"华康娃娃体W5"、大小为"53点"、间距为0、颜色为"#008400"。

STEP 3 选择文本"你"，在属性面板中设置字体为"华康娃娃体W5"、大小为"83点"、间距为0、颜色为"#F60403"。

STEP 4 选择所有文本，选择任意变形工具，将文本旋转一个角度，使其变形倾斜。

STEP 5 保持所有文本的选中状态，在属性面板"滤镜"栏中添加"投影"滤镜，并进行如图2-118所示的设置。

STEP 6 新建图层，选择钢笔工具，设置笔触颜色为"#BF1F27"，填充颜色为红色，绘制一个心形图形，然后选择颜料桶工具，填充心形为红色，如图2-119所示。

STEP 7 选择选择工具，适当调整各文本之间的位置及间距，完成设置（最终效果参见：光盘:\效果文件\项目二\实训三\献给你.fla）。

图2-118 设置投影参数

图2-119 绘制心形

常见疑难解析

问：为什么无法使用颜料桶工具进行填充？

答：默认情况下，使用颜料桶工具进行填充时要求填充区域是封闭的，如果要填充的填充区域未封闭，则无法使用颜料桶工具进行填充。此时可放大图形，检查并修复使填充区域为全封闭区域，或者在工具箱面板底部单击 ○ 按钮，在弹出的菜单中选择"封闭小空隙"或"封闭大空隙"选项，然后再使用颜料桶工具进行填充。

问：使用钢笔工具绘制曲线后无法绘制直线怎么办？

答：使用钢笔工具绘制曲线后，继续绘制时默认也是绘制曲线。若要绘制直线，需要先单击末端锚点使其转换为直线锚点，然后再进行绘制，如图2-120所示。

图2-120 绘制曲线后继续绘制直线

问：使用钢笔工具绘制对象另一部分时，自动与前一部分连接起来了该怎么处理？

答：使用钢笔工具绘制对象时，如果两个部分是不相连的，则绘制好第一部分时，应按【Esc】键退出绘制，然后再在其他位置进行绘制，如图2-121所示。

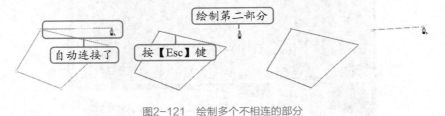

图2-121 绘制多个不相连的部分

拓展知识

1. 原位置粘贴

选择对象并复制后，按【Ctrl+Shift+B】组合键可以进行原位置粘贴，即粘贴的对象与原对象在同一位置。

2. 魔术棒取色范围

魔术棒工具会根据近似色选择对象，选择魔术棒工具后，在工具箱底部单击 按钮，在打开的对话框的"阈值"文本框中输入相应的值可控制取色范围，取值越小，取色范围越窄。

3. 成比例缩放对象

使用任意变形工具选择对象后，按住【Shift】键的同时，将鼠标指针移动到选框4个角的任意一个角上，按住鼠标左键不放进行拖动，即可成比例缩放对象，被缩放的对象不会变形。

课后练习

（1）使用矩形工具、椭圆工具及钢笔工具绘制椰子树，然后使用颜料桶工具配合颜色面板为其填充颜色，完成后最终效果如图2-122所示（最终效果参见：光盘:\效果文件\项目二\课后练习\树.fla）。

图2-122　绘制椰子树

（2）在素材文件"端午节.fla"（素材参见：光盘:\素材文件\项目二\课后练习\端午节.fla）的基础上添加文本并设置样式，完成后最终效果如图2-123所示（最终效果参见：光盘:\效果文件\项目二\课后练习\端午节.fla）。

图2-123　制作"端午节"贺卡

64

PART 3

项目三
制作Flash基本动画

情景导入

小白：阿秀，刚才客户打电话过来，说需要制作一个15秒的广告，要求用一些动态效果切换几张广告图片。

阿秀：这个简单啊，使用补间动画就可以实现。

小白：那你快教教我吧！

阿秀：好啊，下面我就来教你制作Flash基本动画，包括逐帧动画、传统补间动画、补间动画和补间形状动画。

学习目标

- 掌握逐帧动画的概念及基本制作方法
- 掌握传统补间动画的概念及制作方法
- 掌握补间动画的概念及制作方法
- 掌握补间形状动画的概念及制作方法

技能目标

- 掌握添加动画的不同方式
- 掌握"文字消失动画"、"旋转风车动画"、"空中客机动画"、"红梅花开动画"的制作方法

任务一　制作文字消失动画

制作文字消失动画最简单的方法就是在各帧中只显示应该展示的文字，如开始显示"制作文字消失动画"，然后每隔一帧，删除一个文字（即保留"制作文字消失动"），直至所有的文字全部删除，即采用逐帧动画的方法进行制作。

一、任务目标

本例将采用逐帧动画的方式制作文字消失动画。实际制作过程是：首先在第一帧完成全部文本的输入，再依次插入关键帧，并从后向前，逐渐删除文本，从而实现文字逐渐消失的效果。通过本例的学习，可以掌握逐帧动画的制作方法。本例制作完成后的最终效果如图3-1所示。

图3-1　制作文字消失动画

横幅广告是互联网广告中最基本的广告形式，尺寸一般为468像素×60像素或233像素×30像素，一般是使用gif动画格式的图像文件或Flash动画文件，其位置一般放于页面顶部。

二、相关知识

本例的制作涉及元件、关键帧、逐帧动画等相关知识，下面先对这些知识进行介绍。

（一）元件的类型

元件是构成动画的基础，可以反复使用，因而不必反复制作相同的部分，大大提高了工作效率。Flash中的元件有3种类型，即图形元件、影片剪辑元件和按钮元件，下面分别讲解。

1. 图形元件

图形元件用于创建可反复使用的图形，如在制作星空场景时需要许多大小不一的星星，就可以创建一个星星图形元件。之后任何时候重复使用这个星星图形元件时，只需要调用星星图形元件，并根据实例的大小调整各个图形元件即可。

图形元件作为一个整体是静止不动的，但在同一图形元件中可以按照不同的帧放置不同的图片，并利用AS动态调用这些图片，即图形元件内部可以是动态的。

2. 影片剪辑元件

影片剪辑元件是使用最多的元件类型。使用影片剪辑元件可以实现像图形元件一样静止不动的效果（只在第一帧中放置图形，在其他帧不放置任何对象，如果在其他帧还放置有对象，则影片剪辑元件实例将具有动画效果，会自动播放其后的帧中的画面），或者是一小段动画效果，如闪烁的星星效果等。

3. 按钮元件

按钮元件主要用于实现与用户的交互，如单击"播放"按钮，实现播放影片的功能；或单击"停止"按钮，停止影片的播放等。按钮元件实例可以响应鼠标事件，按钮元件包括"弹起"、"指针经过"、"按下"和"点击"4种状态，其对应鼠标的4种状态。通常情况下，可以在不同的帧中改变按钮的颜色、样式及文本的颜色等属性，来实现在不同的状态下按钮显示不同的效果。另外，也可以在不同的状态中添加影片剪辑元件，实现更酷的动画效果，如在"指针经过"帧中添加一个爆炸烟花效果的影片剪辑元件，只要将鼠标指针移动到该按钮元件实例上时，将会播放爆炸烟花效果的影片。

 图形元件不能添加交互行为和声音控制，而影片剪辑元件和按钮元件可以。

（二）创建与转换元件的方法

选择【插入】/【新建元件】菜单命令或按【Ctrl+F8】组合键，在打开的"创建新元件"对话框中选择元件类型，并输入元件名称，然后单击 确定 按钮即可进入元件编辑窗口（图形元件与影片剪辑元件的编辑窗口基本相同，按钮元件的编辑窗口则完全不同），创建元件的流程如图3-2所示。

图3-2　创建元件

 在元件编辑窗口中编辑完元件后，可单击舞台顶部的 按钮或 场景 按钮，返回到主场景中。在库面板中可以查看已创建的元件，其中，图标 表示是图形元件；图标 表示是影片剪辑元件；图标 则表示为按钮元件。

除了可以直接创建元件外，也可以在舞台中将绘制好的图形转换为元件。在舞台中绘制好的图形上单击鼠标右键，在弹出的快捷菜单中选择"转换为元件"菜单命令，在打开的"转换为元件"对话框中输入元件名称，选择元件类型后单击 确定 按钮，即可完成转换。双击转换后的元件实例可打开元件编辑窗口，如图3-3所示，在其中可以继续对元件进行编辑。

图3-3　转换元件

新建元件保存在库面板中，当要使用时需要从库面板中拖动到舞台中。使用"转换为元件"方法转换元件时，舞台中会自动创建元件实例，从而省去了部分操作。

（三）帧的类型及创建方法

在Flash CS4中包括普通帧（显示为□）、关键帧（显示为●）、空白关键帧（显示为。）这3种帧类型，其中各帧的特点如下。

1. 普通帧

普通帧在动画的播放过程中只是起延长内容显示的功能没有什么关键作用。在时间轴中普通帧以空心矩形或单元格表示，按【F5】键可创建普通帧。如图3-4所示，第2~4帧和第6~15帧即为普通帧。

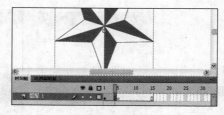

图3-4　普通帧

2. 关键帧

关键帧指在动画播放过程中，呈现出关键性动作或内容变化的帧。关键帧包括关键帧及空白关键帧。空白关键帧在时间轴中用空心小圆圈。来表示，如果在空白关键帧中添加内容，则会变为关键帧，关键帧在时间轴中以一个黑色的实心圆圈●来表示，如图3-4所示第1帧为关键帧，第5帧为空白关键帧。按【F7】键可以创建空白关键帧。

（四）逐帧动画

利用逐帧动画可以较细致地创作出任意动画效果。由于每个帧的内容都需要手动编辑，所以工作量非常大，而且由于各帧都包含了不同的内容，因此Flash文件相对较大。

要创建逐帧动画，需要将每一帧都定义为关键帧，然后在每个帧中创建不同的图形。通常情况下需要先绘制好第一帧中的图形，再新增加关键帧，并修改舞台中的图形（刚插入关

键帧时，舞台中的内容与第一帧相同，因此可以快速修改图形局部从而完成新的帧中图形的绘制
与调整）。

（五）逐帧动画制作技巧

因为逐帧动画所涉及的帧的内容都需要手动编辑，任务量比较大，所以在确定使用逐帧
动画的时候，一定要做好思想准备，要
有目的地使用逐帧动画，把作品中最能
体现主体的动作、表情用逐帧动画来表
现。在制作逐帧动画时一定要注意两帧
之间的联系，要逐帧一点一点地变化，
跳跃不要太大，可以借助绘图纸外观工
具来观察前一帧，或者全部帧的变化，
对于精确地把握动画效果有极大的帮
助。在时间轴面板底部单击 📄 按钮可打

图3-5 使用绘图纸外观

开绘图纸外观工具，在舞台中即可查看前后帧中的画面（前后帧中的画面用较淡的灰色进行
显示，当前帧则原样显示），如图3-5所示。另外，在制作逐帧动画的时候可以灵活应用空
白关键帧，即在关键帧后插入1~2个空白关键帧，使动画的效果更自然。

三、任务实施

（一）输入文本并设置样式

下面先输入文本并设置样式，其具体操作如下。

STEP 1 启动Flash CS4程序后，打开素材文件"消失文字.fla"（素材参见：光盘:\素材
文件\项目三\任务一\消失文字.fla）。

STEP 2 在工具箱中选择文本工具，设置笔触颜色为白色，在属性面板中设置"系列"
为"方正兰亭粗黑简体"、"大小"为"32.0点"，如图3-6所示。

STEP 3 将鼠标指针移动到舞台中"全场狂降"文本后单击再输入文本"仅此一天"，
如图3-7所示。

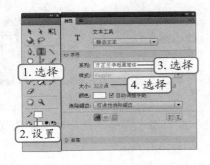

图3-6 设置文本样式

图3-7 输入文本

STEP 4 选择选择工具，将鼠标指针移动到刚输入的文本上，按住鼠标左键不放向下拖

动一小段距离使其与左侧的文本底部进行对齐，如图3-8所示。

STEP 5 按【Ctrl+B】组合键打散文本，各个文本变为单独的文本，如图3-9所示。

图3-8 调整文本 　　　　　　　　　　　　　　图3-9 打散文本

（二）制作逐帧动画

文本"仅此一天"共4个字符，如果逐字消失的话，应该至少包括4帧，具体操作如下。

STEP 1 在时间轴"图层 1"第5帧上单击鼠标右键，在弹出的快捷菜单中选择"插入帧"菜单命令，如图3-10所示。

STEP 2 在"图层 2"第2帧上单击鼠标右键，在弹出的快捷菜单中选择"插入关键帧"命令，如图3-11所示。

图3-10 插入帧 　　　　　　　　　　　　　　图3-11 插入关键帧

STEP 3 将鼠标指针移动到舞台中单击，取消文本的选中；再选择文本"天"字，然后按【Delete】键删除文本，如图3-12所示。

STEP 4 在时间轴"图层 2"中选择第3帧，再按住【Shift】键的同时单击第5帧，完成3~5帧的选择，按【F6】键完成关键帧的插入，如图3-13所示。

图3-12 删除文本"天" 　　　　　　　　　　　图3-13 插入关键帧

STEP 5 在时间轴"图层 2"中选择第5帧，再按【Delete】键删除选中的文本使其变为空白关键帧，如图3-14所示。

STEP 6 在时间轴"图层 2"中选择第4帧，将鼠标指针移动到舞台中单击，取消文本的选择，再按住【Shift】键选择文本"此一"，然后按【Delete】键删除选中的文本，如图3-15所示。

STEP 7 在时间轴"图层 2"中选择第3帧,将鼠标指针移动到舞台中单击取消文本的选择,再按住【Shift】键选择文本"一"后按【Delete】键删除选中的文本,如图3-16所示。

图3-14 删除所有文本

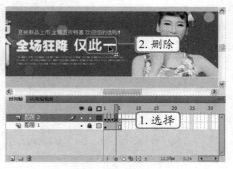

图3-15 删除文本"此一"

STEP 8 按【Enter】键测试动画,发现播放效果太快,按【Ctrl+M】组合键,在打开的"文档属性"对话框中的"帧频"文本框中输入"12",再单击 确定 按钮,如图3-17所示。完成后的最终效果如图3-17所示(最终效果参见:光盘:\效果文件\项目三\任务一\消失文字.fla)。

图3-16 删除文本"一"

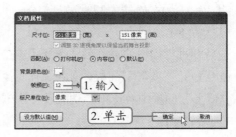

图3-17 改变帧频

如果要在多个帧中插入关键帧,需要按【F6】键,而不能使用右键菜单命令或菜单命令。

任务二 制作旋转风车动画

旋转动画效果的设置比较多,如风车、时钟、转动的车轮、转动的星球等,本任务将制作一个旋转风车动画,下面介绍具体的制作方法。

一、任务目标

本例将练习制作旋转风车动画。在制作过程中首先要创建四片扇页,然后转换扇页为影片剪辑元件,再创建传统补间动画。通过本例的学习,可以掌握旋转复制、转换为元件及制作传统补间动画等方法。本例制作完成后的最终效果如图3-18所示。

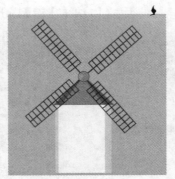

图3-18　制作旋转风车动画

二、相关知识

在制作本例过程中用到了"重制选区和变形"、转换为影片剪辑元件、使用任意变形工具调整中心点、制作传统补间动画、设置补间属性等知识，下面分别进行介绍。

（一）重制选区和变形

在Flash CS4中除了可以使用任意变形工具对图形进行变形、旋转及缩放外，通过"变形"面板还可以实现更多的功能，如在旋转的同时进行复制（即"重制选区和变形"功能）。

选择要进行操作的对象后，选择【窗口】/【变形】菜单命令打开"变形"面板，如图3-19所示，下面分别介绍"变形"面板中各选项的功能及使用方法。

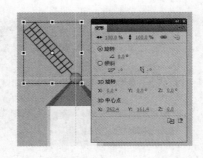

图3-19　"变形"面板

1. 缩放操作

将鼠标指针移动到"变形"面板顶部 ↔ 或 ‡ 图标后的数字区中，左右拖动可缩小或放大图形，如果在缩放前先单击 ⊝ 按钮后再进行缩放，则会成比例缩放，即在约束长宽比的基础上进行缩放。如果对缩放效果不满意需要重新来过，则可单击 ↺ 按钮恢复到原始状态。

2. 旋转操作

在"变形"面板中选中"旋转"单选项，然后将鼠标指针移动到 △ 图标后的数字区中，按住鼠标左键不放进行左右拖动，可旋转图形。旋转图形后可单击"变形"面板底部的 ⊞ 按钮，进行旋转复制，即"重制选区和变形"。多次单击 ⊞ 按钮，可复制出多个图形。在复制时需要注意，必须先调整好中心点，因为旋转复制会以中心点为基准进行旋转。

3. 倾斜操作

在"变形"面板中选中"倾斜"单选项，然后将鼠标指针移动到 ⧄ 图标或 ⧅ 图标后的数字区中，按住鼠标左键不放进行左右拖动，可完成对图形水平或垂直方向的倾斜操作。

（二）任意变形工具

使用任意变形工具 ⊞ 可对图形进行缩放、旋转、倾斜、调整中心点等操作，下面分别进行介绍。

1. 缩放操作

使用任意变形工具选择图形后，将鼠标指针移动到某控制框上，当鼠标指针变为 ⬌ 形状时，按住鼠标左键不放进行拖动，即可完成缩放操作。如果要约束长宽比进行缩放，则可将鼠标指针移动到选框4个顶角上的控制柄上，按住【Shift】键的同时进行拖动，如图3-20所示。

2. 旋转操作

使用任意变形工具选择图形后，将鼠标指针移动到选框的4个顶角外侧，当鼠标指针变为 形状时，按住鼠标左键不放进行上下拖动，即可完成旋转操作，如图3-21所示。

3. 倾斜操作

使用任意变形工具选择图形后，将鼠标指针移动到选框任意一边的控制柄外侧中点，当鼠标指针变为 形状时，按住鼠标左键不放左右或上下拖动，即可完成倾斜操作，如图3-22所示。

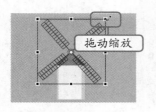 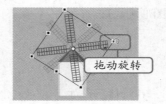 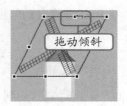

图3-20　缩放图形　　　　图3-21　旋转图形　　　　图3-22　倾斜操作

（三）图形排列

在时间轴中上面图层的内容会遮盖下面图层的内容；如果在同一图层中，则上面的图形会遮盖下面的图形，组合的图形会遮盖矢量图形，因此需要调整图形的排列顺序，以便达到正确的显示效果。如图3-23所示，风车黄色的中轴应该位于各扇页的上方，此时可选择黄色中轴图形，然后选择【修改】/【排列】/【移至顶层】菜单命令，或按【Ctrl+Shfit+]】组合键将图形移动到最顶层。至于其他情况，可根据实际需要选择相应的菜单命令。

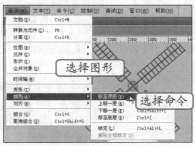

图3-23　排列图形

（四）传统补间动画

在Flash CS4中有"补间动画"、"传统补间"、"补间形状"3种补间动画，其中"传统补间动画"和"补间形状"都是Flash老版本中就有的动画类型。传统补间动画通过创建首尾两个关键帧，并设置这两个关键帧的不同属性（如舞台中图形的缩放、远近、位置、颜色等），然后由Flash自动根据其差异生成中间的过渡效果。如图3-24所示为创建的圆球由大变小的动画，其中在第1帧绘制好球形并转换为元件，再在第20帧插入关键帧，在第1帧上单击鼠标右键，在弹出的快捷菜单中选择"创建传统补间"菜单命令，最后调整首尾两帧中图形的属性即可，这里调整第20帧中的球的大小。

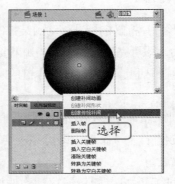

图3-24 创建传统补间

 创建传统补间时，动画对象一定要是元件，因此在创建传统补间动画前应将图形转换为元件，然后再创建补间动画。如果用户未进行转换元件，则Flash将自动转换图形为元件。

三、任务实施

（一）制作扇叶

下面首先进行扇叶的制作，其具体操作如下。

STEP 1 启动Flash CS4，选择【文件】/【打开】菜单命令，打开素材文件"旋转风车.fla"（素材参见：光盘:\素材文件\项目三\任务二\旋转风车.fla）。

STEP 2 选择任意变形工具，选中舞台中的扇叶，将鼠标指针移动到扇叶中心点上，按住鼠标左键不放拖动到右下角控制柄上释放鼠标，完成中心点的调整，如图3-25所示。

STEP 3 选择【窗口】/【变形】菜单命令打开变形面板，在 图标后单击并输入"90"，再单击面板右下角的 按钮3次，如图3-26所示。

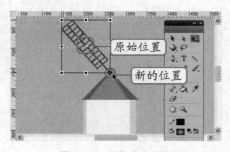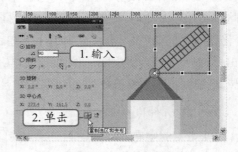

图3-25 调整中心点位置　　　　　　　　图3-26 旋转复制扇叶

STEP 4 选择选择工具，选择黄色中心轴图形，再按【Ctrl+Shift+]】组合键将其置于顶层，如图3-27所示。

STEP 5 按住【Shift】键选中4片扇叶，再单击鼠标右键，在弹出的快捷菜单中选择"转换为元件"菜单命令，在打开的对话框中输入元件名称后单击 确定 按钮，如图3-28所示，完成黄色中心轴与4片扇叶转换为元件的操作。

图3-27 调整为顶层

图3-28 转换为元件

（二）创建传统补间动画

下面完成风车旋转动画的创建，其具体操作如下。

STEP 1 在"图层 4"第20帧处插入关键帧，在第1帧至第19帧中的任意一帧上单击鼠标右键，在弹出的快捷菜单中选择"创建传统补间"菜单命令完成传统补间的创建。

STEP 2 选择"图层 4"第1帧，在属性面板中"旋转"下拉列表框中选择"顺时针"选项，如图3-29所示，完成风车旋转效果设置。

STEP 3 选择"图层 1"，在第20帧插入帧使背景图形一直显示，如图3-30所示，完成整个动画的制作（最终效果参见：光盘:\效果文件\项目三\任务二\旋转风车.fla）。

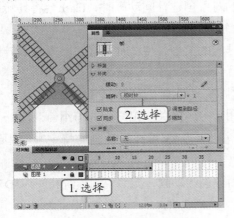

图3-29 设置顺时针旋转

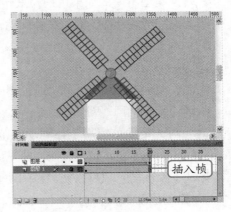

图3-30 插入帧

任务三 制作空中客机动画

空中客机动画是对象位置发生变化的动画，这类动画类型很广，如人行走、车的行驶等。本任务为制作空中客机动画，即客机在空中飞过的动画。

一、任务目标

本例将练习空中客机动画的制作，在制作时采用补间动画的方式完成制作。通过本例的学习，用户可以学会补间动画的制作方法。本例完成后的效果如图3-31所示。

图3-31　空中客机动画

二、相关知识

本例需通过补间动画制作，补间动画是Flash CS4新增加的动画类型，相比传统补间动画，其功能更强，操作也更方便，下面分别对补间动画的相关知识进行介绍。

（一）传统补间与补间动画的差别

传统补间与补间动画有如下差别。

- **关键帧不同**：传统补间使用关键帧，而补间动画使用属性关键帧。关键帧是其中显示对象的新实例的帧。补间动画只能具有一个与之关联的对象实例，并使用属性关键帧而不是关键帧。补间动画在整个补间范围上由一个目标对象组成。
- **转换类型不同**：如果用户对未转换为元件的对象创建补间动画时，Flash会将其转换为影片剪辑元件，而传统补间动画则会将其转换为图形元件。
- **文本支持不同**：补间动画会将文本视为可补间的类型，传统补间会将文本对象转换为图形元件。
- **允许帧脚本不同**：补间动画范围内不允许帧脚本，而传统补间则允许帧脚本。
- **缓动支持不同**：对于传统补间，缓动可应用于补间内关键帧之间的帧组。对于补间动画，缓动可应用于补间动画范围的整个长度。若仅对补间动画的特定帧应用缓动，则需要创建自定义缓动曲线。
- **3D支持不同**：只可以使用补间动画来为3D对象创建动画，无法使用传统补间为3D对象创建动画。

（二）创建补间动画

补间动画中的最小构造块是补间范围，它只能包含一个元件实例。元件实例称为补间范围的目标实例。可以通过两种方式创建补间动画。

1.通过时间轴创建

在时间轴上选择要创建补间动画的关键帧，然后选择【插入】/【创建补间动画】菜单命令，或单击鼠标右键，在弹出的快捷菜单中选择【创建补间动画】命令，Flash CS4将按默认的补间范围创建补间动画。如果补间范围过长或过短，则可将鼠标指针移动到时间轴中补间动画的末端至鼠标指针变为双向箭头形状时，按住鼠标左键不放进行拖动以调整补间范围的长度。然后选中补间范围内需要调整动画效果的帧，在舞台中拖动元件实例至一个新位置即可，如图3-32所示。

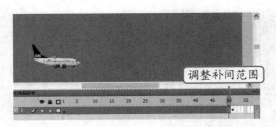
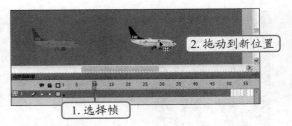

图3-32　通过时间轴创建动画补间

2.通过动画对象创建

在舞台中直接选择要创建补间动画的元件实例，然后单击鼠标右键，在弹出的快捷菜单中选择"创建补间动画"菜单命令，可完成补间动画的创建，其后的操作（如调整补间范围、调整对象位置等）则与通过时间轴创建补间动画相同。

（三）编辑补间的运动路径

补间动画的运动路径其实像是一条线，而且可以像编辑线条一样编辑运动路径。选择选择工具，将鼠标指针移动到运动路径上至鼠标指针变为 形状时，按住鼠标左键不放进行拖动，可以调整运动路径的曲率，如图3-33所示。或者选择部分选取工具 ，将鼠标指针移动到运动路径的端点上，按住【Alt】键的同时进行拖动，可以拖动出控制手柄，然后调整控制手柄就可以完成路径形状的编辑，如图3-34所示。

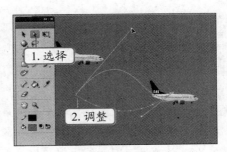

图3-33　调整运行路径　　　　　　　图3-34　调整运动路径

知识补充

选择部分选取工具后，将鼠标指针移动到运动路径端点上直接拖动可移动端点的位置。选择选择工具然后在运动路径上单击以选择整个路径，然后按住鼠标左键不放进行拖动，可整体移动运动路径的位置。

（四）调整实例的属性

补间动画中的元件实例除了可设置位置属性外，还可以设置颜色、滤镜等属性。在时间轴中补间动画的补间范围内选择要调整实例属性的帧，然后在舞台中选择元件实例，再在属性面板中进行相应的设置即可，如图3-35所示即为设置元件实例的Alpha属性，使动画具有淡出的效果。

项目三　制作Flash基本动画

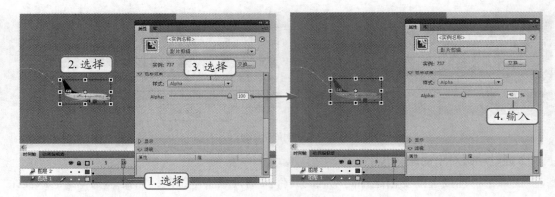

图3-35 调整元件实例属性

（五）使用动画编辑器

动画编辑器为补间动画提供了更加强大的编辑功能，选择补间范围后，选择【窗口】/【动画编辑器】菜单命令打开"动画编辑器"面板，在其中即可进行补间动画属性的设置，如图3-36所示。

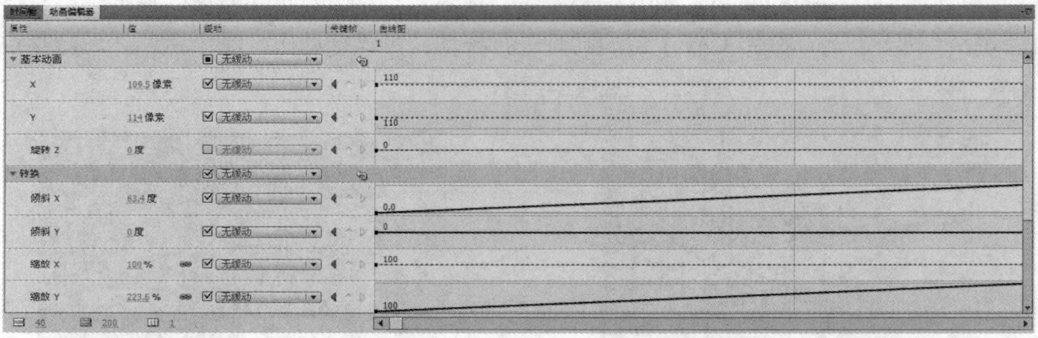

图3-36 使用动画编辑器

在动画编辑器面板左侧可以设置"基本动画"（主要是位置变化）、"转换"（倾斜效果）、"色彩效果"（改变颜色）等属性值，在面板右侧可以通过拖动的方式来调整属性值，并可在曲线上单击鼠标右键，在弹出的快捷菜单中选择"添加关键帧"菜单命令添加属性关键帧。

三、任务实施

为空中客机创建补间的具体操作如下。

STEP 1 启动Flash CS4，选择【文件】/【打开】菜单命令打开"空中客机.fla"（素材参见：光盘:\素材文件\项目三\任务三\空中客机.fla）。

STEP 2 在舞台中的飞机元件实例上单击鼠标右键，在弹出的快捷菜单中选择"创建补间动画"菜单命令完成补间动画的创建。

STEP 3 将鼠标指针移动到时间轴面板"图层2"的第8帧（补间范围的末帧）上至鼠标指针变为双向箭头形状↔时，按住鼠标左键不放向右拖动到第50帧后释放鼠标，如图3-37所示。

图3-37　调整帧范围

STEP 4 在时间轴"图层 2"第10帧上单击鼠标右键，在弹出的快捷菜单中选择【插入关键帧】/【位置】菜单命令，然后按住【Shift】键的同时按键盘上的【→】键15次，将舞台中的飞机元件实例水平移动到如图3-38所示的位置。

STEP 5 在时间轴"图层 2"第20帧上单击以选择该帧，然后按住【Shift】键的同时按键盘上的【→】键15次，将舞台中的飞机元件实例水平移动到如图3-39所示的位置。

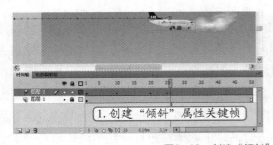

图3-38　创建位置属性关键帧　　　　　　　图3-39　创建位置属性关键帧

STEP 6 使用相同的方法，在第25帧插入属性关键帧并调整位置。

STEP 7 在第26帧上单击鼠标右键，在弹出的快捷菜单中选择【插入关键帧】/【倾斜】菜单命令插入"倾斜"属性关键帧，切换到"动画编辑器"面板，在左侧设置"倾斜 Y"值为"10度"，如图3-40所示。

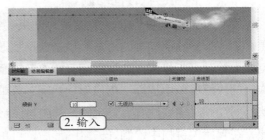

图3-40　创建"倾斜"属性关键帧并设置效果

STEP 8 选择"图层 2"第50帧，切换到"动画编辑器"面板，设置"缩放 Y"值为"150%"，再拖动舞台中飞机元件实例的位置，使其置于画布外，如图3-41所示（最终效果参见：光盘:\效果文件\项目三\任务三\空中1机.fla）。

图3-41　创建"倾斜"属性关键帧并设置效果

项目三　制作Flash基本动画

任务四　制作红梅花开动画

在Flash CS4中还有一类补间动画叫做形状补间，如花朵的开放动画（由花蕾变为盛开的花）、文字的变化动画（由A变为B）等，这类动画是由矢量形状变化而形成的动画，本任务将制作的红梅花开动画就是由形状补间动画来实现的。

一、任务目标

本例将练习制作红梅花开动画。在制作时主要包括影片剪辑元件的创建、形状补间动画的创建等知识。通过本例的学习，用户可以学会创建形状补间动画的方法，以及调整形状提示点的方法。本例完成后的效果如图3-42所示。

图3-42　制作红梅花开动画

二、相关知识

制作本例时先在影片剪辑元件中创建一段梅花开放的形状补间动画，然后将影片剪辑元件添加到舞台中的梅花树干上。下面先对形状补间的相关知识进行介绍。

（一）创建形状补间动画

形状补间动画可在起始关键帧和结束关键帧之间，为图形创建自然过渡的变形动画效果。创建形状补间动画的对象必须是矢量图形而不是元件实例。首先在起始关键帧和结束关键帧中绘制好矢量图形，然后在起始关键帧至结束关键帧之间的任意帧上单击鼠标右键，在弹出的快捷菜单中选择"创建形状补间"菜单命令就可完成形状补间动画的创建。在创建形状补间动画时需要注意，首尾两帧的矢量图形应该大致位于同一个位置，不能偏差太远，为此，在起始关键帧中绘制好矢量图形后，可单击时间轴上的█按钮打开绘图纸外观功能，然后再在结束帧绘制新的矢量图形，如图3-43所示。

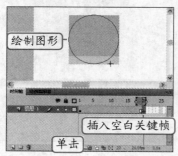

图3-43　创建形状补间动画

（二）为动画添加形状提示

在创建形状补间动画后，有时候动画效果与预期不一致，此时可为图形添加形状提示，对图形各部分之间的变形和过渡效果进行控制，从而达到理想的动画效果。

形状提示是一一对应的，即起始帧中的一个形状提示对应于结束帧的一个形状提示。在起始帧中添加形状提示然后调整形状提示的位置，再在结束帧中调整结束帧中的形状提示位置，直至形状提示的颜色变为黄色（起始帧中的形状提示颜色变为绿色），即表示这一组形状提示创建完成。

选择起始帧后，选择【修改】/【形状】/【添加形状提示】菜单命令或按【Ctrl+Shift+H】组合键可添加形状提示，且可以添加多个形状提示，添加的形状提示会依序使用英文字母进行标识，如图3-44所示。

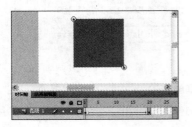

图3-44　添加形状提示并进行调整

三、任务实施

创建红梅花开动画的具体操作如下。

STEP 1 启动Flash CS4，选择【文件】/【打开】菜单命令打开"红梅花开.fla"（素材参见：光盘:\素材文件\项目三\任务四\红梅花开.fla）。

STEP 2 在时间轴中单击 按钮启用绘图纸功能，选择"图层 2"的第一帧，按【Ctrl+L】组合键打开"库"面板，将"花蕾"图形元件拖入到舞台中如图3-45所示位置。

STEP 3 选择"花蕾"图形元件实例，按【Ctrl+B】组合键将其打散为矢量图形，再在其上单击鼠标右键，在弹出的快捷菜单中选择"转换为元件"菜单命令，在打开的对话框中输入"花开"名称，选择"影片剪辑"选项，再单击 确定 按钮将"花蕾"矢量图形转换为影片剪辑元件，如图3-46所示。

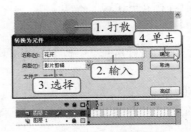

图3-45　拖动元件到舞台　　　　　图3-46　转换为影片剪辑元件

STEP 4 双击舞台中的"花开"影片剪辑元件实例进入影片剪辑元件编辑窗口，在第15

帧插入空白关键帧，按【Ctrl+L】组合键打开"库"面板，将"花朵"图形元件拖动到舞台中的花蕾矢量图形位置，如图3-47所示。

STEP 5 保持"花开"图形元件的选中状态，按【Ctrl+B】组合键将其打散为矢量图形。再在第1帧上单击鼠标右键，在弹出的快捷菜单中选择"创建补间形状"菜单命令完成补间形状的创建，如图3-48所示。

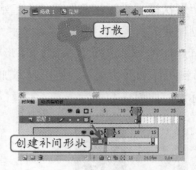

图3-47 拖动花开图形元件　　　　　　　　　　图3-48 创建补间动画

STEP 6 选择第15帧，选择【窗口】/【动作】菜单命令，在打开的"动作-帧"面板中输入"stop();"脚本语句，使补间形状动画播放到第15帧时即停止在该帧，如图3-49所示。

STEP 7 单击 ⬅ 按钮返回到主场景中，将"库"面板中的"花开"影片剪辑元件拖动到舞台中的梅花枝头，如图3-50所示。

图3-49 输入脚本　　　　　　　　　　图3-50 拖动元件到舞台

STEP 8 在"图层2"第40帧处插入帧，保存动画（最终效果参见：光盘:\效果文件\项目三\任务四\红梅花开.fla）。

实训一　制作旋转车轮动画

【实训要求】

　　汽车在开动过程中，车轮会不停地旋转，本实训即使用Flash CS4制作车轮不停旋转的动画效果。

【实训思路】

　　制作本动画时，首先需要将车轮图形元件转换为影片剪辑元件，然后双击舞台中的车轮影片剪辑元件实例，在影片剪辑元件编辑窗口中创建传统补间动画，实现车轮的滚动效果。本实训的参考效果如图3-51所示。

图3-51 制作旋转车轮动画

【步骤提示】

STEP 1 打开素材文件"旋转车轮.fla"（素材参见：光盘:\素材文件\项目三\实训一\旋转车轮.fla），将舞台中左侧的车轮图形元件转换为影片剪辑元件"旋转车轮"。

STEP 2 双击转换的"旋转车轮"影片剪辑元件实例，进入影片剪辑元件编辑窗口。在第25帧处插入关键帧，然后在第1~24帧间的任意帧上单击鼠标右键，在弹出的快捷菜单中选择"创建传统补间"菜单命令，完成传统补间的创建。

STEP 3 打开属性面板，在"旋转"下拉列表框中选择"顺时针"选项，保持其后的数值为"1"，完成车轮旋转效果的制作。

STEP 4 返回到主场景中，将右侧的车轮图形元件转换为影片剪辑元件"前轮"，然后在转换后的影片剪辑元件实例上单击鼠标右键，在弹出的快捷菜单中选择"交换元件"菜单命令，在打开的"交换元件"对话框中选择"旋转车轮"影片剪辑元件，然后单击 确定 按钮，完成元件的交换。

STEP 5 保存文件后，按【Ctrl+Enter】组合键测试动画效果如图3-51所示（最终效果参见：光盘:\效果文件\项目三\实训一\旋转车轮.fla）。

如果未将右侧的车轮图形元件转换为影片剪辑元件而直接交换元件，则交换后车轮也不会转动，因为交换后的元件为图形元件而非影片剪辑元件，因此无法转动，因此要先转换为影片剪辑元件"前轮"，再交换元件。

实训二 制作开心笑脸动画

【实训要求】

本实例要求制作一个开心笑脸动画，即一组笑脸气球飘动到空中的动画。

【实训思路】

本动画主要包括"笑脸气球"及"飘动气球"影片剪辑元件的制作，其中"笑脸气球"主要制作笑脸图形下方的线条动画（使用补间形状动画实现），"飘动气球"则实现气球飘起来的效果（使用补间动画实现）。本实训的参考效果如图3-52所示。

【步骤提示】

STEP 1 打开素材文件"开心笑脸.fla"（素材参

图3-52 开心笑脸动画

见：光盘:\素材文件\项目三\实训二\开心笑脸.fla）。将舞台中的"笑脸"影片剪辑元件转换为"飘动气球"影片剪辑元件，再双击转换后的影片剪辑元件，进入编辑窗口，将舞台中的"笑脸"影片剪辑元件转换为"笑脸气球"影片剪辑元件，双击进入"笑脸气球"影片剪辑元件编辑窗口。

STEP 2　在"笑脸气球"影片剪辑元件编辑窗口中新建图层并调整图层顺序，再在新图层中绘制线条，完成补间形状动画的创建。

STEP 3　在"库"面板中双击"飘动气球"影片剪辑元件进入编辑窗口，创建补间动画并调整补间范围至第80帧，选择第80帧，调整元件实例的位置，然后编辑补间动画的运动路径。

STEP 4　返回主场景中，从"库"面板中拖动多个"飘动气球"影片剪辑元件到舞台中并放置在合适位置，保存并测试动画（最终效果参见：光盘:\效果文件\项目三\实训二\开心笑脸.fla）。

常见疑难解析

问：新建图层时会自动插入帧，怎么删除多余的帧？

答：在Flash CS4中，如果下面的图层中已有帧，则在新建图层时会默认插入空白关键帧及普通帧，如果新建的图层并不需要这些帧，则可以选择这些帧（按住【Shift】键再选择），然后在选择的帧上单击鼠标右键，在弹出的快捷菜单中选择"删除帧"菜单命令删除帧。

问：如何删除补间？

答：在补间动画的起始帧上单击鼠标右键，在弹出的快捷菜单中选择"删除补间"菜单命令，即可删除已有的补间动画。

问："动画编辑器"面板为何不可用？

答：要使用"动画编辑器"面板必须先选择补间动画范围，然后再切换到"动画编辑器"面板即可正常使用。

问：同一段补间动画可以同时添加多个属性吗？

答：可以。同一段补间动画可以同时添加位置、转换、色彩效果、滤镜等效果。添加效果时可在"动画编辑器"面板中完成，也可选择动画对象，然后在"属性"面板中进行设置。

问："缓动"有什么作用？

答：在创建传统补间动画与补间动画时有一个"缓动"属性，其作用是实现由慢到快，或由快到慢的动画效果，如汽车起步是由慢到快的，刹车时则由快到慢。当"缓动"数值为负数时，则实现由慢到快的效果；如果为正数时，则实现由快到慢的效果。如果值为0则表示进行匀速运动。

拓展知识

1. 删除帧与清除帧

删除帧后所选帧及帧中对应的图形等所有内容全部被删除。清除帧则只清除舞台中的内容不删除帧。选择要删除或清除的帧（可按【Shift】键多选）后，单击鼠标右键，在弹出的快捷菜单中选择"删除帧"或"清除帧"菜单命令即可。另外，选择帧后按【Delete】键也可以删除帧。

2. 翻转帧

翻转帧即实现逆序播放效果，如正序动画效果是球从地面弹起，翻转帧后则可实现球从空中落到地面的效果。选择要进行翻转的帧（可多选），再单击鼠标右键，在弹出的快捷菜单中选择"翻转帧"菜单命令即可。

3. 复制帧、剪切帧与粘贴帧

灵活使用复制帧（或剪切帧）与粘贴帧可以减少制作动画的工作量。复制帧与剪切帧的区别是保留或不保留原始帧。粘贴帧后可得到与原始帧一模一样的帧。

4. 使用动画预设

动画预设能够通过最少的步骤来添加动画。在舞台上选中影片剪辑元件实例，选择【视图】/【动画预设】菜单命令打开"动画预设"面板，选择需要的动画预设并应用即可。如有一段蜜蜂飞舞的动画预设，当选择舞台中的蝴蝶影片剪辑元件并应用该动画预设后，即可实现蝴蝶飞舞的效果。

5. 分散到图层

在制作动画时常需要分层处理，即将各个动画对象放置不同的图层中。如果在绘制动画对象时绘制在了同一图层中，可选择动画的各个部分，然后单击鼠标右键，在弹出的快捷菜单中选择"分散到图层"菜单命令，将所选的各个部分分散到单独的图层中。

课后练习

（1）使用逐帧动画方法完成逐字显示后又逐字消失的动画效果，完成后最终效果如图3-53所示（最终效果参见：光盘:\效果文件\项目三\课后练习\打字效果.fla）。

打字效果，即文字逐个出	打字效果，即文字逐个出现效果	打字效果，

图3-53 打字效果

（2）在素材文件"跳跳人.fla"（素材参见：光盘:\素材文件\项目三\课后练习\跳跳人.fla）的基础上使用逐帧动画方式制作跳动的小人影片剪辑元件"跳跳人"，然后使用传统补间动画方法实现跳动小人从画面右侧到跳到左侧的效果，完成后最终效果如图3-54所示（最终效果参见：光盘:\效果文件\项目三\课后练习\跳跳人.fla）。

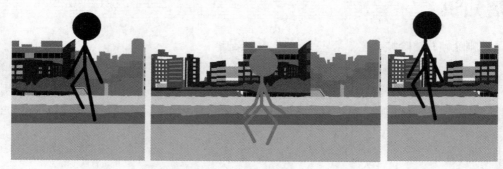

图3-54　跳跳人动画

（3）使用补间形状实现旋转3D三角的效果，完成后最终效果如图3-55所示（最终效果参见：光盘:\效果文件\项目三\课后练习\旋转3D三角.fla），其中形状提示的添加效果如图3-56所示。

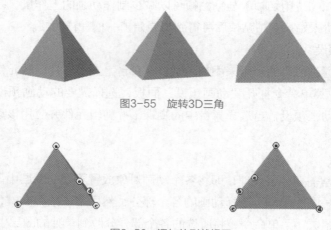

图3-55　旋转3D三角

图3-56　添加的形状提示

PART 4

项目四
制作遮罩与引导层动画

情景导入

小白：阿秀，你这是什么动画技术，小狗可以乖乖地沿着小路走？

阿秀：这是引导层动画。沿着小路绘制一条引导线，然后在小狗图层创建传统补间动画，分别调整起始帧和结束帧中小狗元件实例到引导线的两端，就完成了小狗沿着小路行走的动画了。

小白：是这样啊，那过山车动画也可以这样做了？

阿秀：当然可以。今天我就教你如何制作引导层动画，另外还教你一项更加强大而神秘的动画技术——遮罩动画。

小白：遮罩动画？用东西将动画遮盖起来？

阿秀：是的，就像用望远镜看东西一样，你只能看到望远镜两个镜孔中的东西，镜孔外的世界就无法看到了。使用遮罩动画可以制作展开画卷、旋转地球等动画。

学习目标

● 掌握引导层动画的原理及基本制作方法
● 掌握遮罩动画的原理及基本制作方法

技能目标

● 理解遮罩动画和引导层动画的制作原理，能熟练制作相关动画
● 掌握"纸飞机"动画和"我爱妈妈"动画的制作方法

任务一 制作纸飞机动画

在前面的章节中使用补间动画制作了"空中客机"的动画，但是在编辑运动路径时不是很方便，本任务将使用引导层来实现纸飞机沿着引导线飞翔的动画效果。

一、任务目标

本例将采用引导层实现纸飞机动画效果。先在舞台中使用钢笔或铅笔工具绘制飞行路线，然后将图层转换为引导层，在其下方的图层中创建纸飞机飞翔的动画效果。通过本例的学习，可以掌握引导层动画的制作方法。本例制作完成后的最终效果图4-1所示。

图4-1　制作纸飞机动画

二、相关知识

制作本例时，涉及图层操作、引导层动画原理、取消引导层等相关知识，下面先对这些知识进行介绍。

（一）图层的基本操作

为了方便管理或满足动画制作的特殊需求，常常需要将不同的对象添加到不同的图层中，或者创建特殊的图层，如引导层或遮罩层。下面介绍图层的一些基本操作。

1. 创建图层

在时间轴面板左侧单击■按钮可创建普通图层。在普通图层上单击鼠标右键，在弹出的快捷菜单中选择"引导层"或"遮罩层"菜单命令可以创建引导层或遮罩层，如图4-2所示。其中引导图层前面有 图标，遮罩图层前面有 图标，而被遮罩图层前面有 图标。

在通过右键菜单命令创建引导层时，该图层前面的图标为 ，表示引导层没有被引导的对象，需要拖动图层到引导层下方，完成被引导图层的设置，从而完成完整的引导层动画制作。

图4-2　创建特殊图层

2. 拖动图层

通过拖动图层，调整图层的排列顺序可改变舞台中对象的层叠效果。如果将图层放置在引导层或遮罩层下方，还可以实现被引导层及被遮罩层的效果。将鼠标指针移动到要拖动的图层上方，按住鼠标左键不放拖动到相应的图层上至鼠标指针变为 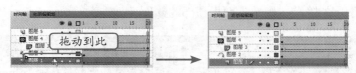 形状时，释放鼠标，完成图层的移动操作。如图4-3所示为拖动普通图层到引导层下方作为被引导层的示意图。

图4-3 拖动图层

3. 重命名图层

默认情况下，新建图层都以"图层+数字序号"的方式进行命名，如果动画中内容较多，则不容易区分各图层对应的是什么内容，因此需要重命名图层。在图层名称上双击鼠标左键，使其呈可编辑状态，再重新输入新的图层名称，即可完成重命名图层操作，如图4-4所示。

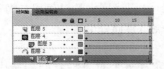 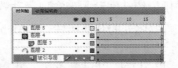

图4-4 重命名图层

4. 删除图层

删除图层操作可以删除整个图层，按住【Shift】键或【Ctrl】键可实现图层的多选。选中图层后，单击面板底部的 🗑 按钮可删除图层，如图4-5所示。

图4-5 删除图层

5. 锁定与解锁图层

为了防止误操作或满足动画特殊要求（如遮罩动画创建完成后默认要锁定遮罩层与被遮罩层）可以锁定图层。在时间轴面板左侧顶部有一个 🔒 图标，单击该图标可锁定所有图层，如果单击 🔒 图标下方某图层中的 • 图标则可以锁定该图层，如图4-6所示。如果要解锁，则单击该图层中的锁定图标 🔒 即可，如果是要解锁所有图层，则单击面板顶部的 🔒 图标。

图4-6 锁定图层

6. 隐藏与显示图层

舞台中的内容太多会影响用户的操作，如无法选择需要的对象，或者要选择的对象被叠放在很多对象下方而无法选择，此时适当地隐藏图层可以解决这一问题。在时间轴面板左侧

上部有一个 图标，单击该图标就可以隐藏所有图层。如果单击 图标下方某图层中的 图标则可以隐藏该图层，如图4-7所示。如果要取消隐藏，则单击该图层中的 ✕图标即可，如果是要取消所有图层的隐藏，则单击面板顶部的 图标。

图4-7　隐藏图层

（二）引导层动画原理

引导层动画即动画对象沿着引导层中绘制的线条进行运动的动画。绘制的线条通常是不封闭的，以便于Flash系统找到线条的头和尾（动画开始位置及结束位置）从而依此而运动。被引导层通常采用传统补间动画来实现运动效果，被引导层中的动画可与普通传统补间动画一样，设置除位置变化外的其他属性，如Alpha、大小等属性的变化。

 被引导层可以有多层，也就是允许多个对象沿着同一条引导线进行运动，一个引导层也允许有多条引导线，但一个引导层中的对象只能在一条引导线上运动。

（三）制作引导层动画的注意事项

在制作引导层动画过程中需要注意以下问题。

● **引导线的转折不宜过多**：引导线的转折不宜过多且转折处的线条弯转不宜过急，以免Flash无法准确判判对象的运动路径。

● **引导线应流畅**：引导线应为一条流畅、从头到尾连续贯穿的线条，线条不能出现中断的现象。

● **引导线不能交叉**：引导线中不能出现交叉、重叠的现象，否则会导致动画创建失败。

● **必须吸附在引导线上**：被引导对象必须吸附到引导线上，否则被引导对象将无法沿着引导路径运动。

● **必须为未封闭线条**：引导线必须是未封闭的线条。

● **灵活使用"调整到路径"复选框**：在属性面板中选中"调整到路径"复选框，可让运动对象根据路径情况进行调整，从而达到更真实的运动效果。如小鸟沿着引导线平行飞行后转向下飞行，此时如果选中"调整到路径"复选框，则Flash会调整小鸟的倾斜度使其头及身体有一个稍向下倾的效果，让小鸟的动作更加真实。

 在引导层上单击鼠标右键，在弹出的快捷菜单中选择"引导层"菜单命令可取消引导层。

三、任务实施

制作纸飞机动画的具体操作如下。

STEP 1 启动Flash CS4程序后，打开素材文件"纸飞机.fla"（素材参见：光盘:\素材文件\项目四\任务一\纸飞机.fla）。

STEP 2 在"图层2"上单击鼠标右键，在弹出的快捷菜单中选择"添加传统运动引导层"菜单命令，完成引导层及传统补间动画层的创建，如图4-8所示。

STEP 3 选择引导层中的第1帧，选择钢笔工具，在舞台中绘制一条曲线，并选择选择工具，适当调整曲线的曲率，如图4-9所示。

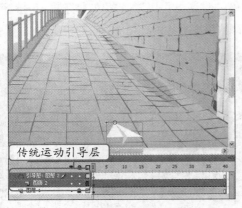

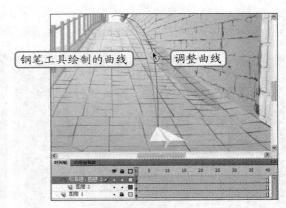

图4-8　创建传统运动引导层　　　　　　　　图4-9　绘制与调整曲线

STEP 4 选择"图层2"中的第1帧，将舞台中飞机元件实例的中心点（注意是中心点）拖动到曲线上，如图4-10所示。

STEP 5 选择"图层2"中的第40帧，将舞台中飞机元件实例的中心点拖动到曲线末端，然后选择任意变形工具适当将其变形（变形时注意保持中心点在曲线上），并在"属性"面板中设置"样式"为"Alpha"，其值为"70%"，如图4-11所示。

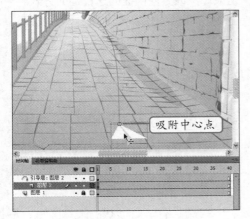

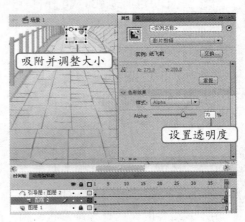

图4-10　确定运动起点　　　　　　　　图4-11　确定运动终点

STEP 6 选择"图层2"中的第1帧，为其创建传统补间动画，保存文档，按【Ctrl+Enter】

组合键测试动画（最终效果参见：光盘\效果文件\项目四\任务一\纸飞机.fla）。

任务二 制作我爱妈妈动画

在母亲节时，送份礼物给辛苦工作的妈妈是做儿女应尽的义务，本例将制作一份音乐贺卡送给妈妈。

一、任务目标

本例将练习制作我爱妈妈贺卡动画，主要涉及遮罩动画及传统补间动画，其中比较关键的一点是创建"我爱妈妈"文字遮罩图形。通过本例的学习，可以掌握将文本打散为矢量图形、遮罩动画的制作等知识。本例制作完成后的最终效果图4-12所示。

图4-12 制作我爱妈妈动画

  电子贺卡是利用电子技术制作的贺卡，如使用Flash制作的贺卡。电子贺卡可以通过网址或电子邮件进行传送，是最环保最方便快捷的送祝福的方式。

二、相关知识

在制作本例过程中用到了遮罩动画技术，下面分别介绍其相关知识。

（一）遮罩动画原理

遮罩动画是比较特殊的动画类型，遮罩动画主要包括遮罩层及被遮罩层，其中遮罩层主要控制形，即所能看到的范围及形状，如遮罩层中是一个月亮图形，则用户只能看到这个月亮中的动画效果。被遮罩层则主要实现动画效果，如移动的风景等。如图4-13所示是创建一个静态的遮罩动画效果的前后对比图。

由于遮罩层的作用是控制形状，因此通常在该层中绘制具有一定形状的矢量图形，形状的描边或填充颜色则无关紧要，因为不会被显示出来。

图4-13　遮罩层原理示意图

在遮罩动画中，遮罩层与被遮罩层都可以创建动画效果，如在遮罩层中绘制两个圆以表示望远镜中的两个镜头，并通过创建传统补间动画实现移动效果，而被遮罩层则放置一张放大了的图像，这样就可以模拟真实的使用望远镜看风景的效果。

（二）创建遮罩动画

　　创建遮罩动画的方法比较简单，关键是遮罩形状的绘制，其二是创建遮罩层，而其他动画效果的实现，则与传统补间动画、逐帧动画、补间动画、引导层动画等相同。制作遮罩动画通用的方法是先新建图层并绘制好遮罩形状图形，然后创建动画效果，最后在遮罩层上单击鼠标右键，在弹出的快捷菜单中选择"遮罩层"菜单命令完成遮罩动画的创建，如图4-14所示为创建遮罩动画的示意图。

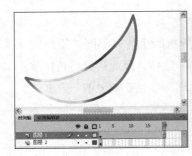

图4-14　创建遮罩层动画

在遮罩层上单击鼠标右键，在弹出的快捷菜单中选择"遮罩层"菜单命令可取消遮罩层。如果要对遮罩层或被遮罩层进行编辑，单击对应层中的🔒图标取消图层锁定即可，编辑完成后可再次锁定图层。

（三）遮罩动画制作技巧

在制作遮罩动画时可使用如下技巧。

- 使用静态文本作为遮罩层：使用静态文本作为遮罩层时，需要选择笔划看起来比较粗的字体，如"方正粗宋简体"、"黑体"等，这样才能更好地实现遮罩效果。
- 让遮罩层沿着引导层上的任意路径运动：要实现这个效果，需要将遮罩层中的形状转换为影片剪辑元件，在影片剪辑元件中创建引导层动画。

- 遮罩多个图层：可以同时遮罩多个图层，首先遮罩一个图层，然后拖动想要变为被遮罩层的图层到遮罩层的下方。
- 实现半透明遮罩：由于遮罩层只实现形状特征，因此颜色、透明度等特性在遮罩动画中是无效的。要实现半透明遮罩效果，需要设置被遮罩层中对象的透明度来实现。

三、任务实施

下面首先进行扇叶的制作，其具体操作如下。

STEP 1 启动Flash CS4，选择【文件】/【打开】菜单命令，打开素材文件"我爱妈妈.fla"（素材参见：光盘:\素材文件\项目四\任务二\我爱妈妈.fla）。

STEP 2 选择"图层3"中的第1帧，使用文本工具及任意变形工具制作"我爱妈妈"文本效果，其中字体为"方正粗宋简体"，"我"字大小为135点，"爱"字大小为92点，"妈妈"大小为88点，再按【Ctrl+B】组合键将其打散，如图4-15所示。

图4-15 输入文本并打散

 这里可以不打散文本，但考虑到不同用户计算机的字体库不同，用户的计算机中有可能不包含本例中使用的"方正粗宋简体"字体，因此最好将其打散，以防止在其他用户的计算机上播放时由于缺少字体而导致画面效果不一致。

STEP 3 选择钢笔工具，绘制心形图形，如图4-16所示。

STEP 4 选择"图层2"中的第1帧，将"库"面板中的"烛光"图片拖入到舞台中，并调整图片的位置，如图4-17所示。

图4-16 绘制心形图形　　　　　　　　图4-17 调整烛光图形位置

STEP 5 在"图层2"的第1帧上单击鼠标右键，在弹出的快捷菜单中选择"创建传统补间"菜单命令创建传统补间动画，然后在第40帧处插入关键帧，向上调整舞台中烛光图片的位置，如图4-18所示。

STEP 5 在"图层3"上单击鼠标右键，在弹出的快捷菜单中选择"遮罩层"菜单命令，完成遮罩动画的创建，如图4-19所示，保存文档并进行测试（最终效果参见：光盘:\效果文件\项目四\任务二\我爱妈妈.fla）。

图4-18 创建传统补间动画

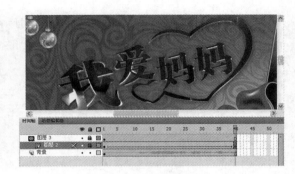

图4-19 创建遮罩层动画

实训一 制作山间小车动画

【实训要求】

本例要求制作小车在山间公路上行驶的动画效果。

【实训思路】

制作本动画时，首先需要沿着山间公路绘制一条引导曲线，然后使用传统补间动画实现小车在公路上行驶的效果，最后创建引导层。本实训的参考效果如图4-20所示。

图4-20 制作山间小车动画

【步骤提示】

STEP 1 打开素材文件"山间小车.fla"（素材参见：光盘:\素材文件\项目四\实训一\山间小车.fla），新建"图层4"，使用钢笔工具沿着公路绘制路径。

STEP 2 在"车"图层的第1帧中创建传统补间动画，并调整舞台中的车影片剪辑元件实例的位置至引导线底端。

STEP 3 在第40帧处插入关键帧,将车影片剪辑元件实例拖动到引导线顶端并使用任意变形工具适当缩小车影片剪辑元件实例。

STEP 4 为"图层4"创建引导层,然后将"车"拖动到"图层 4"下方,完成引导层动画的制作(最终效果参见:光盘:\效果文件\项目四\实训一\山间小车.fla)。

知识补充
　　绘制的引导线中间一定不能有断点,否则无法沿着引导线运动。另外,在第40帧缩小车影片剪辑元件实例时一定要将车尽量缩小一点,以实现车消失在视线中的感觉。

实训二 制作宝宝画册动画

【实训要求】

　　本实例要求制作一个自动翻看宝宝画册的动画。

【实训思路】

　　制作本动画主要涉及交换图形、绘制遮罩图形、创建传统补间动画及创建遮罩层等知识。本实训的参考效果如图4-21所示。

图4-21　制作宝宝画册动画

【步骤提示】

STEP 1 打开素材文件"宝宝画册.fla"(素材参见:光盘:\素材文件\项目三\实训二\宝宝画册.fla)。显示标尺,并为舞台添加辅助线以便标识舞台的大小。然后在"图层3"第26帧处插入空白关键帧,选择矩形工具在舞台中绘制一个比画布稍大的矩形并填充线性渐变色,再转换为"zz"图形元件,然后创建传统补间动画。

STEP 2 在第40帧处插入关键帧,移动舞台中的"zz"图形元件实例到舞台右外侧,完成遮罩形状从舞台右侧移动到舞台中覆盖整个舞台的效果实现。然后单击鼠标右键,在弹出的快捷菜单中选择"删除补间"菜单命令删除第40帧的补间效果。

STEP 3 复制第26~40帧,再分别选择66~80帧、105~120帧粘贴帧,在第145帧处插入帧,完成后的时间轴如图4-22所示。

STEP 4 选择"图层1"中的第1帧,在舞台中添加"1.jpg"图形,在第15帧处插入关键帧。选择第1帧创建传统补间动画,再选择舞台中的图形元件实例,在"属性"面板中设置属性"Alpha"值为"0"。

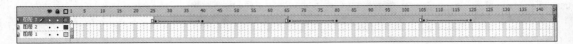

图4-22　遮罩层动画制作

STEP 5 在第41帧、第81帧处插入关键帧，在第145帧处插入帧。隐藏"图层3"，选择第41帧中的图片将其删除，再从"库"面板中将"2.jpg"拖入到舞台中。选择第81帧，将舞台中的图片删除，再从"库"面板中将"3.jpg"拖入到舞台中，完成后的时间轴如图4-23所示。

图4-23　添加画册图片

STEP 6 在"图层2"第26帧处插入空白关键帧，将"2.jpg"从"库"面板拖入到舞台中。复制第26帧，分别粘贴到第66帧、106帧，并在第145帧处插入帧。

STEP 7 选择"图层2"第66帧舞台中的图片，单击鼠标右键，在弹出的快捷菜单中选择"交换位图"菜单命令，在打开的"交换位图"对话框中选择"3.jpg"选项再单击 确定 按钮。

STEP 8 使用相同的方法完成"图层2"第106帧中位图的交换（交换为"4.jpg"）。

STEP 9 取消"图层3"的隐藏，并创建为遮罩层，保存动画，按【Ctrl+Enter】组合键进行测试（最终效果参见：光盘:\效果文件\项目四\实训二\宝宝相册.fla）。

知识补充　　使用交换位图的方式修改舞台中的位图，其优点是能保留原始位图的位置等属性，避免了从"库"面板中重新拖入位图而导致前后两图位置不一致的问题。

常见疑难解析

问：**创建引导层动画时，动画对象为什么不沿引导线运动？**

答：产生这种情况的可能原因，一是引导线有问题，如转折太多、有交叉、断点等；另一原因就是运动对象未吸附到引导线上，在创建引导层动画时，一定要确保运动对象的中心点吸附在了引导线上。

问：**引导层动画创建好后还能否对引导线进行修改？**

答：可以，但一定要注意同时调整运动对象，且一定要保证运动对象吸附在引导线上。

问：**遮罩动画中遮罩层中的形状是不是必须是规则形状？**

答：也可以是非规则形状，比如使用文字作为遮罩层时，文字明显是非规则形状。遮罩形状可以是任意形状，但一定要注意，形状要保持在一定区域范围内。

拓展知识

1. 运动轨迹有交叉怎么使用引导层动画实现

同一组引导层动画中的引导线是不允许交叉的，如果运动轨迹不可避免地需要交叉，则可分多个引导层组来实现，根据交叉情况分成多个引导层组，分别绘制不交叉的引导线并创建相应的运动动画。

2. 如何实现圆形轨迹的引导层动画

要实现这种效果，可以先绘制出圆形引导线，然后使用橡皮擦工具 将圆形引导线擦出一个小小的缺口，在创建运动动画效果时，分别将运动对象放置于缺口的两端就可使运动对象进行圆形轨迹运动。

3. 遮罩动画中显示遮罩形状

例如在创建放大镜动画时，放大镜需要同时显示出来，因此可以先制作放大镜移动的动画效果，以及放大显示的背景图，然后复制放大镜移动层并作为遮罩层，将原始放大镜移动层及放大背景图层作为被遮罩层。最底层放置原始背景图层即可。

课后练习

（1）使用引导层动画技术制作"蝶舞"动画，完成后最终效果如图4-24所示（最终效果参见：光盘\效果文件\项目四\课后练习\蝶舞.fla）。

图4-24　制作"蝶舞"动画

（2）使用遮罩动画技术制作"水波"动画，完成后最终效果如图4-25所示（最终效果参见：光盘\效果文件\项目四\课后练习\水波.fla）。

图4-25　制作"水波"动画

PART 5

情景导入

小白：阿秀，今天客户让做一个Flash MTV，我还不知道在动画里怎么添加声音呢！

阿秀：在Flash中添加声音还是比较简单的，这一次就教你如何在lash中添加声音，并对声音进行相应的设置吧，如实现淡入淡出效果等。

小白：对了，Flash中可以直接添加视频不？

阿秀：当然可以。使用Adobe Media Encoder CS4可以将avi等格式的视频转换为Flash中可以使用的flv等格式，使其在Flash中可以直接播放视频动画，并进行播放、停止等控制。

小白：那我回家就将上周去动物园拍的视频做成Flash放到我的个人网站上去秀秀。

阿秀：那感情好啊，听说有一个片断很搞笑，我很期待看哦。

学习目标

- 了解Flash支持的声音格式及特点
- 掌握导入与与添加声音的方法
- 掌握设置与优化声音效果的方法
- 掌握导入视频到Flash并进行优化的方法

技能目标

- 加强对在Flash中添加声音和视频的理解，能按要求熟练编辑Flash中的声音和视频
- 掌握"心灵风车"动画和"淘气宝宝"视频动画的制作方法

任务一　制作心灵风车动画

制作Flash动画时常常需要为其添加声音，如卡通短剧、Flash MTV、Flash游戏等，都需要添加声音，另外，Flash中的一些动态按钮也需要添加生动的音效，以便更能吸引观众。本任务将制作一个有声动画——心灵风车动画。

一、任务目标

本例将为风车动画添加背景音乐，使观看Flash动画的过程更加有趣。制作过程包括背景动画的制作，声音的添加与优化等。通过本例的学习，可以掌握声音的导入及优化方法。本例制作完成后的最终效果如图5-1所示。

图5-1　制作心灵风车动画

二、相关知识

本例涉及声音的截取、声音的导入、声音的优化等相关知识，下面先对这些知识进行介绍。

（一）在Flash CS4中可使用的声音类型

Flash CS4中可以使用的声音类型比较多，一般情况下，在Flash中可以直接导入MP3格式和WAV格式的音频文件。

1. MP3格式

MP3格式是比较大众的一种音频文件，虽然采用MP3格式压缩音乐时对文件有一定的损坏，但由于其编码技术成熟，音质比较接近于CD水平，且体积小、传输方便，因而受到广大用户的青睐。同样长度的音乐文件，用MP3格式储存能比用WAV格式存储的体积小十分之一，所以现在较多的Flash音乐都以MP3的格式出现。

2. WAV格式

WAV格式是PC标准声音格式。WAV格式的声音直接保存声音的数据，而没有对其进行压缩，因此音质非常好，一些Flash动画的特殊音效常常会使用WAV格式。但是因为其数据没有进行压缩，所以体积相当庞大，占用的空间也就相对较大。用户可以根据自身需求，选择合适的声音类型。

（二）如何处理编辑声音素材

Flash CS4本身对声音的编辑处理能力有限，在向Flash中导入声音文件前，需要使用专业的声音编辑处理软件对声音文件进行处理，如截取声音片断、转换声音格式等。

声音编辑处理软件是一类对音频进行混音、录制、音量增益、高潮截取、男女变声、节奏快慢调节、声音淡入淡出处理的多媒体音频处理软件。声音处理软件的主要功能在于实现音频的二次编辑，达到改变音乐风格、多音频混合编辑的目的。常用的专业声音编辑处理软件包括GoldWave、Adobe Audition等，其中Adobe Audition与Flash CS4同属一家公司，其功能也非常强大，使用也稍微复杂。另外，一些视频播放软件也提供了声音编辑功能，如QQ影音就提供了声音片断截取的功能，如图5-2所示即为截取声音片断的操作示意图。

图5-2 截取声音片断

（三）导入与添加声音的方法

准备好声音素材后就可以在Flash动画中导入声音。一般可将外部的声音先导入到"库"面板中。选择【文件】/【导入】/【导入到库】命令，在打开的"导入到库"对话框中选择要导入的声音文件后单击 打开⑩ 按钮，即可完成导入声音操作。

通过选择时间轴中的帧，再在"属性"面板中"声音"栏的"名称"下拉列表框中选择导入的声音文件，即可完成添加声音的操作，如图5-3所示。

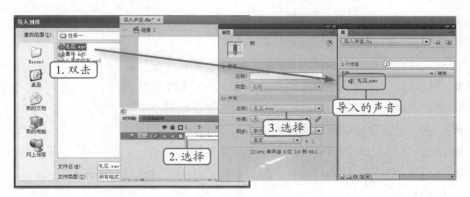

图5-3 添加声音

在时间轴中添加声音时，如果选择帧后有一段连续帧，则添加声音后，声音将自动延长到连续帧结束，如图5-4所示。

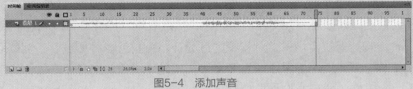

图5-4　添加声音

如果需要为按钮的不同状态添加不同的声音效果，则可新建一个图层，然后在各帧中插入空白关键帧，再分别选择各帧，在"属性"面板"声音"栏"名称"下拉列表框中选择相应的声音文件，如图5-5所示。

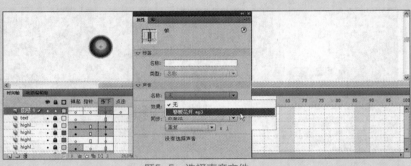

题5-5　选择声音文件

（四）声音效果设置

添加声音后，可对声音效果进行优化与设置，下面分别进行介绍。

1. 设置音效

音效即声音的效果，如淡入、淡出等。选择添加了声音的帧后，在"属性"面板"声音"栏"效果"下拉列表框中可设置相应的音效。在"属性"面板中的"音效"下拉列表框中包含8个选项，各选项的含义如下。

● 无：不使用任何效果。选择此选项将删除以前应用过的效果。
● 左声道：只在左声道播放音频。
● 右声道：只在右声道播放音频。
● 向右淡出：声音从左声道传到右声道，并逐渐减小其幅度。
● 向左淡出：声音从右声道传到左声道，并逐渐减小其幅度。
● 淡入：会在声音的持续时间内逐渐增加其幅度。
● 淡出：会在声音的持续时间内逐渐减小其幅度。
● 自定义：自己创建声音效果，并可利用音频编辑对话框编辑音频。

2. 编辑封套

单击"效果"下拉列表框右侧的 ✎ 按钮或在"音效"下拉列表框中选择"自定义"选项，将打开"编辑封套"对话框，如图5-6所示，在其中可自定义效果。

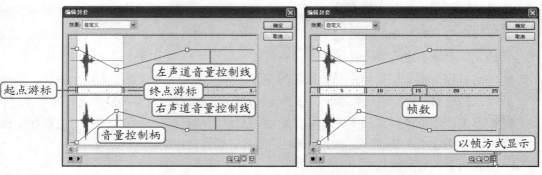

图5-6 "编辑封套"对话框

下面介绍"编辑封套"对话框中各组成部分的作用。

● 起点游标和终点游标：调整其位置可以定义声音开始和结束的地方。

● 音量控制柄：通过拖动编辑区左边的正方形控制柄，可以调整声音的大小，将控制柄移至最上面时声音最大，移至最下面则声音消失，左、右声道可以独立调整。

● 音量控制线：左、右声道各有一条音量控制线，单击控制线可增加一个方形控制柄，最多可以添加8个，通过拖动控制线和控制柄可以调节各部分声音段的音量大小和声音播放的长短。

● ■按钮：单击该按钮，可以终止声音的播放。

● ▶按钮：单击该按钮，可以测试声音的播放效果。

● 🔍按钮：单击该按钮，可以使窗口中的声音波形在水平方向放大，从而对声音进行更细致的调整。

● 🔍按钮：单击该按钮，可以使窗口中的声音波形在水平方向缩小，从而方便查看波形很长的声音文件。

● ⏱按钮：单击该按钮，可以使窗口中的水平轴以秒为单位显示，这是Flash的默认显示状态。

● ▦按钮：单击该按钮，可以使窗口中的水平轴以帧为单位显示。

在"编辑封套"对话框中，要删除音量控制线上多余的控制柄，可将其选中，按住鼠标不放的同时将控制柄向两边拖出声音波形窗口即可。

3. 设置同步

在"属性"面板"声音"栏的"同步"下拉列表框中包含4个选项，通过选择不同的选项，可对声音和动画的播放过程进行调整，使动画效果得到优化。各选项的含义如下。

● 事件：该模式是默认的声音同步模式，可以使声音与事件的发生同步开始。当动画播放到声音的开始关键帧时，事件音频开始独立于时间轴播放，即使动画停止，声音也会继续播放直至完毕。

● 开始：如果在同一个动画中添加了多个声音文件，它们在时间上某些部分是重合的，可以将声音设置为开始模式。在这种模式下，如果有其他的声音正在播放，到了该声音开始播放的帧时，则会自动取消该声音的播放；如果没有其他的声音在播放，该声音才会开始播放。

● 停止：停止模式用于停止播放指定的声音，如果将某个声音设置为停止模式，则当动画播放到该声音的开始帧时，该声音和其他正在播放的声音都会在此时停止。

● 数据流：数据流模式用于在Flash中自动调整动画和音频，使它们同步，主要用于在网络上播放流式音频。在输出动画时，流式音频混合在动画中一起输出。

4. 设置声音重复的次数

在"属性"面板"声音"栏的"声音循环"下拉列表框中包括"循环"和"重复"两个选项，其作用如下。

● 重复：这是默认选项，选择该选项后，在其后的"循环次数"数值框中可设置循环的次数。如为5点钟的钟摆添加音效时则可以设置为"重复"5次，即让钟摆响5次。

● 循环：选择该选项后，声音将不断地循环播放，该选项常用于背景音乐。为了避免Flash文件过大，一般都只截取完整背景音乐的部分来作为背景音乐，并通过循环播放的方式，让背景音乐贯穿整个Flash动画。

（五）压缩声音文件

制作好有声动画后，可以将声音先压缩再导出，以减小动画文件的大小。导出声音时，可以为单个的事件声音选择压缩选项，然后用这些设置导出声音，也可以给单个音频流选择压缩选项。

双击"库"面板中的声音文件图标，在打开的"声音属性"对话框中的"压缩"下拉列表框中选择需要的选项即可对声音进行压缩，不同的采样比率和压缩程度会使导出的SWF文件中声音的品质和大小有很大的不同。声音的压缩倍数越大，采样比率越低，声音文件就越小，声音品质也越差，因此应当通过调试找到声音品质和文件大小的最佳平衡。

在"声音属性"对话框的"压缩"下拉列表框中包括"默认值"、"原始"、"MP3"、"语音"、"ADPCM"5个选项，下面对各选项进行设置。

1. 设置"原始"压缩选项

选择"原始"选项表示导出声音时不进行压缩，此时对话框中将显示"预处理"和"采样率"2个参数，如图5-7所示，选中"预处理"栏中的"转换立体声成单声道"复选框会将混合立体声转换为单声道，即非立体声，单声道则不受影响。在"采样率"下拉列表框中选择一个选项可以控制声音的保真度和文件大小，较低

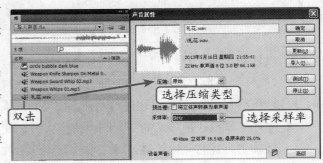

图5-7　设置"原始"压缩类型

的采样比率可以减小文件大小，但也降低声音品质，Flash不能提高导入声音的采样率，如果导入的音频为11kHz声音，输出效果也只能是11kHz。各"采样率"选项的含义如下。

- 对于语音来说，5kHz的采样率是最低的可接受标准。
- 对于音乐短片来说，11kHz的采样率是标准CD音质的四分之一，而这只是最低的建议声音品质。
- 22kHz的采样率是用于Web回放的常用选择，这是标准CD音质的二分之一。
- 44kHz的采样率是标准的CD音质比率。

2. 设置"MP3"压缩选项

通过"MP3"压缩选项可以用MP3压缩格式导出声音。特别是在导出乐曲之类较长的音频流时，应使用"MP3"选项。如果要导出一个以MP3格式导入的文件，可以使用和导入时相同的设置来导出文件。

在"声音属性"对话框的"压缩"下拉列表框中选择"MP3"选项，如图5-8所示。选择一个"比特率"选项，以确定导出的声音文件中每秒播放的位数。Flash支持8 kbps到160 kbps。当导出音乐时，需要将比特率设为16 kbps或更高，以获得更好的效果。

在"预处理"栏选中"将立体声转换为单声道"复选框会将混合立体声转换为单声道，"预处理"选项只有在选择的比特率为20 kbps或更高时才可用。在"品质"下拉列表框中各选项可以确定压缩速度和声音品质，具体介绍如下。

图5-8　设置"MP3"压缩类型

- "快速"选项的压缩速度较快，但声音品质较低。
- "中"选项的压缩速度较慢，但声音品质较高。
- "最佳"选项的压缩速度最慢，但声音品质最高。

3. 设置"语音"压缩选项

通过"语音"压缩选项可以使用一个特别适合于语音的压缩方式导出声音。在"声音属性"对话框的"压缩"下拉列表框中选择"语音"选项，在"采样率"下拉列表框中可选择一个选项以控制声音的保真度和文件大小，如图5-9所示。

4. 设置"ADPCM"压缩选项

"ADPCM"压缩选项用于8位或16位声音数据的压缩设置，如单击按钮这样的短事件声音，一般选择"ADPCM"压缩方式。在选择ADPCM选项后，将显示"预处理"、"采样率"和"ADPCM位"3个参数，如图5-10所示，"ADPCM位"用于决定在ADPCM编辑中使用的位数，压缩比越高，声音文件越小，音效也最差。

　　　　每个压缩选项的最后一行，都会出现声音压缩后的比特率、单声道或立体声、文件大小以及占原始文件的百分比。

图 5-9 设置"语音"压缩类型

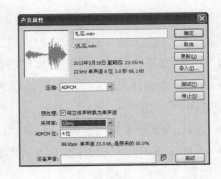

图 5-10 设置"ADPCM"压缩选项

（六）设置声音的属性

双击"库"面板中的声音文件图标，在打开的"声音属性"对话框中显示了声音文件的相关信息，包括文件名、文件路径、创建时间和声音的长度等。如果导入的文件在外部进行了编辑，则可通过单击右侧的 更新(U) 按钮更新文件的属性，单击右侧的 导入(I)... 按钮可以选择其他的声音文件来替换当前的声音文件，测试(T) 按钮和 停止(S) 按钮则用于测试和停止声音文件的播放。

三、任务实施

（一）制作背景动画

首先进行背景动画的制作，即制作旋转风车动画，其具体操作如下。

STEP 1 启动Flash CS4程序后，打开素材文件"心灵风车.fla"（素材参见：光盘:\素材文件\项目五\任务一\心灵风车.fla）。

STEP 2 选择时间轴"风车1"图层的第1帧，按【Ctrl+L】组合键打开"库"面板，将"风车柄"图形元件拖入到舞台中如图5-11所示的位置。

STEP 3 保持拖入的"风车柄"图形元件实例的选中状态，按【F8】键或选择【修改】/【转换为元件】菜单命令，在打开的"转换为元件"对话框中单击 确定 按钮，如图5-12所示，完成元件的转换操作。

图 5-11 拖入元件到舞台

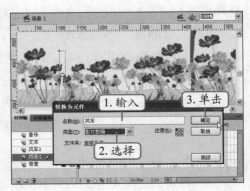

图 5-12 转换为影片剪辑元件

106

STEP 4 双击转换后的"风车"影片剪辑元件实例，在打开的影片剪辑元件编辑窗口中新建图层"图层2"，并将"风车扇"图形元件拖入到舞台中"风车柄"图形元件实例的上方，如图5-13所示。

STEP 5 再新建图层"图层3"，在工具箱中选择基本椭圆工具 ，并设置笔触颜色为"#8A710C"、填充颜色为"#DAB243"，选择"图层3"的第1帧，将鼠标指针移动到"风车扇"图形元件中心位置，按住【Alt+Shift】组合键的同时进行拖动，至合适大小时释放鼠标，完成风车轴心的绘制，如图5-14所示。

图5-13 拖入风车扇

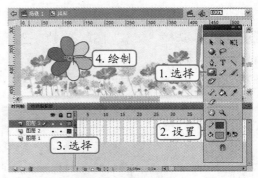
图5-14 绘制风车轴心

STEP 6 选择"图层2"中的第25帧并按【F6】键插入关键帧，然后创建传统补间，在"属性"面板上的"旋转"下拉列表框中选择"顺时针"选项，如图5-15所示。

STEP 7 按住【Ctrl】键的同时，分别选择"图层3"及"图层1"中的第25帧，然后按【F5】键插入帧，再单击舞台左上角的  按钮返回主场景，如图5-16所示。

图5-15 创建传统补间动画

图5-16 返回主场景

STEP 8 选择"风车1"图层中的第1帧并单击鼠标右键，在弹出的快捷菜单中选择"复制帧"菜单命令，再选择"风车2"图层中的第1帧并单击鼠标右键，在弹出的快捷菜单中选择"粘贴帧"菜单命令，如图5-17所示。

STEP 9 选择任意变形工具，先移动"风车2"图层中的风车影片剪辑元件实例到右侧，再按住【Shift】键的同时拖动以放大图形，至合适大小时释放鼠标，然后再适当调整放大后的风车的位置，如图5-18所示。

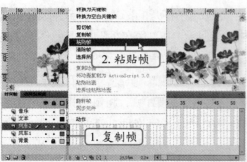

图5-17 复制粘贴帧	图5-18 调整风车大小及位置

STEP 10 选择"文本"图层第1帧，选择文本工具，输入文本并设置字体及颜色、大小，如图5-19所示。

STEP 11 继续输入文本并设置样式效果，如图5-20所示。

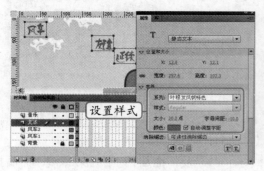
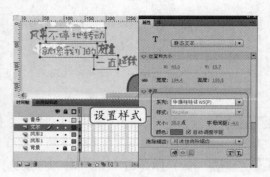

图5-19 输入文本并设置样式	图5-20 输入文本并设置样式

STEP 12 选择所有文本，在"属性"面板"滤镜"栏中设置滤镜样式，如图5-21所示，其中渐变颜色为"#FFFFFF"到"#FF9900"。

STEP 13 保存Flash文件，按【Ctrl+Enter】组合键测试动画效果，如图5-22所示。

图5-21 设置滤镜效果	图5-22 预览效果

（二）为动画添加背景音乐

本部分为动画添加背景音乐，其具体操作如下。

STEP 1　使用QQ影音软件打开素材文件"心灵的风车.mp3"（素材参见：光盘:\素材文件\项目五\任务一\心灵的风车.mp3），在QQ影音播放窗口中单击鼠标右键，在弹出的快捷菜单中选择【转码/截取/合并】/【视频/音频截取】菜单命令，在打开的截取控制面板上设置截取范围，然后单击 保存 按钮，如图5-23所示。

STEP 2　在打开的"视频/音频保存"对话框中设置文件名及保存位置后单击 确定 按钮，如图5-24所示。

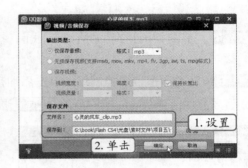

图5-23　截取范围　　　　　　　　　　　　图5-24　设置保存位置

STEP 3　选择【文件】/【导入】/【导入到库】菜单命令，在打开的"导入到库"对话框的"查找范围"下拉列表框中选择音乐文件所在位置，再在文件列表框中双击要导入的音乐文件"心灵的风车_clip.mp3"，如图5-25所示。

STEP 4　选择时间轴"音乐"图层的第1帧，在"属性"面板"声音"栏的"名称"下拉列表框中选择音乐文件"心灵的风车_clip.mp3"，如图5-26所示。

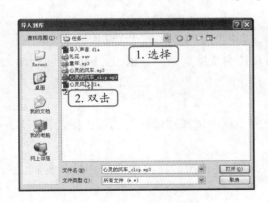

图5-25　拖入元件到舞台　　　　　　　　　图5-26　转换为影片剪辑元件

STEP 5　单击"效果"下拉列表框右侧的 按钮，如图5-27所示。

STEP 6　在打开的"编辑封套"对话框中单击面板底部的 按钮缩小波形图，以便编辑声音的起始位置，如图5-28所示。

110

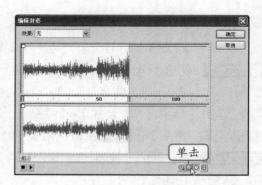

图 5-27　编辑封套　　　　　　　　　　　　图 5-28　缩小波形图

STEP 7 将鼠标指针移动到终点游标上，按住鼠标左键不放向左拖动至如图5-29所示的位置。

STEP 8 在右声道音量控制线上单击添加音量控制柄，再拖动左侧的控制柄到最下方，使背景音乐有淡入效果，完成后单击 确定 按钮退出对话框，如图5-30所示。

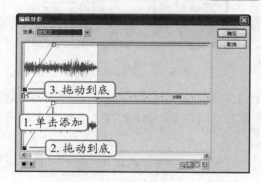

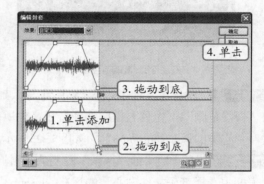

图 5-29　调整终点游标　　　　　　　　　　图 5-30　实现淡入淡出效果

在音量控制线上添加控制柄时，会同时在左、右声音控制线上添加控制柄。在"编辑封套"对话框中，音量控制线越高则声音越大，因此要实现淡入效果，则最左侧的控制柄应该向下拉动。

STEP 9 在"属性"面板"声音循环"下拉列表框中选择"循环"选项，使背景音乐一直播放，如图5-31所示。

STEP 10 在"音乐"图层中的第65帧上插入空白关键帧，在其他图层中插入普通关键帧，如图5-32所示。

STEP 11 在"库"面板中双击"心灵的风车_clip.mp3"前面的图标，如图5-33所示。

STEP 12 在打开的"声音属性"对话框的"压缩"下拉列表框中选择"ADPCM"选项，设置"采样率"为"22kHz"，"ADPCM位"为"5位"，再单击 确定 按钮，关闭对话框，如图5-34所示，完成声音的优化。

图 5-31　设置循环

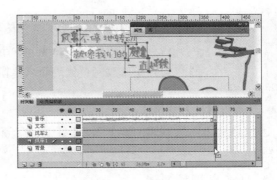

图 5-32　插入帧

图5-33　设置循环

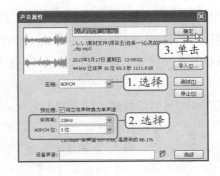

图5-34　插入帧

STEP 13　保存文档，按【Ctrl+Enter】组合键测试动画（最终效果参见：光盘:\效果文件\项目五\任务一\心灵风车.fla）。

任务二　制作淘气宝宝视频动画

六一儿童节陪宝宝一起去玩，拍了不少视频，回来整理一下做成Flash动画，分发给亲朋好友看看，是一件非常惬意的事。本例将制作一段淘气宝宝的视频Flash动画。

一、任务目标

本例将练习制作淘气宝宝视频动画，主要涉及视频的截取与编辑、视频格式的转换、视频的导入、视频的优化等知识。通过本例的学习，可以掌握Flash视频动画的制作方法。本例制作完成后的最终效果如图5-35所示。

图5-35　制作淘气宝宝视频动画

在Flash中嵌入的视频称为嵌入式视频，目前大多数网站广告都会采用嵌入式视频，通过Flash及ActionScript、PHP等脚本程序动态加载外部的视频文件，可在不修改网页代码而只更新视频的前提下完成广告内容更替的工作。

二、相关知识

制作本例的过程中用到了视频编辑、视频转码、导入视频等操作，下面分别介绍其相关知识。

（一）视频编辑

拍摄的视频需要先进行编辑处理然后再使用，比如对视频的截取及拼合、声音的去噪处理等。常用的视频编辑软件有绘声绘影和Movie Maker、Camtasia、Adobe Premiere等。其中绘声绘影和Movie Maker、Camtasia操作较简单，适合初学者，而Adobe Premiere较复杂，是专业的视频编辑处理软件。对于声音的去噪、添加声效等操作，则可以使用Adobe Audition来完成。 另外，使用一些影音播放软件也可以实现如截取视频片断、转码等操作，如QQ影音软件即可截取视频片断并进行转码。下面使用QQ影音软件介绍如何截取视频片断。

使用QQ影音软件打开要截取片断的视频并播放，播放过程中记录要截取视频的开始时间及结束时间，以方便在设置截取范围时更精确快捷。然后单击鼠标右键，在弹出的快捷菜单中选择【转码/截取/合并】/【视频/音频截取】菜单命令，在打开的视频截取控制面板中设置截取范围并单击 ▶预览 按钮预览播放效果，满意则单击 保存 按钮，在打开的对话框中进行相应的设置后单击 确定 按钮进行保存，如图5-36所示。

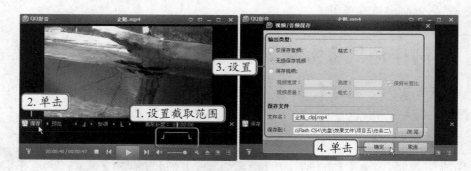

图5-36　截取视频片断

如果只保存音频，则在"视频/音频保存"对话框中选中"仅保存音频"单选项。如果要进行转码，选择"保存视频"单选项，然后再设置视频宽度、高度、视频质量及格式等属性并进行保存。

（二）视频转码

除使用QQ影音等软件可对视频进行转码外，还可以使用Flash CS4自带的Adobe Media Encoder CS4软件进行转码。安装Flash CS4时如果选择了安装"Adobe Media Encoder CS4"，则安装完成后，在"开始"菜单中将看到"Adobe Media Encoder CS4"快捷方式，单击该快捷方式即可启动Adobe Media Encoder CS4。将需要进行转码的视频文件拖入Adobe Media Encoder CS4操作界面中，或单击右上角的 <u>添加</u> 按钮添加要转码的视频文件，然后在"格式"栏中单击 ▼ 按钮，在弹出的菜单中选择需要的格式类型，在"预设"栏中单击 ▼ 按钮，在弹出的菜单中选择需要的预设格式，即具体的扩展名，如".flv"或".f4v"。设置完成，单击 <u>开始队列</u> 按钮即可进行转换。其操作示意如图5-37所示。

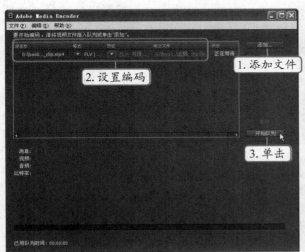

图5-37　视频转码

（三）Flash中支持的视频格式

Flash CS4支持的视频文件的种类很多，在Flash CS4中可以导入DirectX 8.0或Quick Time支持的音频文件。其中由DirectX 8.0支持的常用的视频文件主要有MPEG/MPG（运动图像专家组）、AVI（音频视频交叉）和Windows媒体文件（wmv和asf）文件；由QuickTime支持的视频文件主要有DV(数字视频)、MOV(Quick Time电影)、MPEG/MPG和AVI等。

默认情况下，Flash中使用On2 VP 6编解码器导入和导出视频。编解码器用于导入、导出时对多媒体文件进行压缩和解压缩。对于导入的系统不支持的视频文件格式，Flash CS4会显示一个提示信息，提示不能完成导入。对于某些视频文件，Flash CS4只能导入其中的视频部分而无法导入其中的音频部分，这时Flash CS4也会弹出一个提示信息，显示无法导入文件的音频部分。

（四）导入视频

Flash CS4支持多种放置视频文件的方式，如"使用回放组件加载外部视频"方式、"在SWF中嵌入FLV并在时间轴中播放"、"作为捆绑在SWF中的移动设备视频导入"方式及网络方式。其中各方式的特点及视频格式要求如下。

● "使用回放组件加载外部视频"方式：采用该方式时，视频文件是独立于SWF文件的，SWF使用相对路径的方式引用视频文件，这种方式支持.flv、f4v、.mp4、.m4v、

.avc、.mov、.qt等格式，如果所选择的视频文件类型不在此范围则会打开提示对话框，如图5-38所示即为选择.avi格式的视频文件时打开的提示对话框。

图5-38 提示对话框

● "在SWF中嵌入FLV并在时间轴中播放"：这种方式只支持.flv及.f4v格式，若导入的视频文件格式不是这两种格式时，则需要事先对其进行转码。

● "作为捆绑在SWF中的移动设备视频导入"方式：这种方式支持移动视频格式，如".3gp"等。

● 网络方式：这种方式是指将视频文件放置在网络上，通过网络连接方式进行引用，通常支持的格式是.flv。

选择【文件】/【导入】/【导入视频】菜单命令，在打开的"导入视频"对话框中即可进行导入视频操作。首先选择放置视频的方式，如选择"在SWF中嵌入FLV并在时间轴中播放"单选项，然后再单击 浏览... 按钮选择要导入的视频文件，然后单击 下一步 > 按钮，根据提示完成每步操作即可，如图5-39所示。

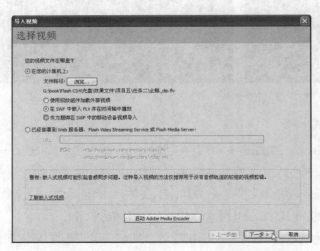
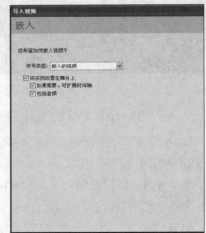

图5-39 导入视频

三、任务实施

（一）编辑视频片断

由于录制的视频太长，只需将要保留部分的视频片断用于Flash中即可。编辑视频片段的具体操作如下。

STEP 1 使用QQ影音打开素材文件"淘气宝宝.avi"（素材参见：光盘:\素材文件\项目五\任务二\淘气宝宝.avi）并进行播放，记录下视频的起始时间与结束时间点，如"2:10"、"3:28"。

STEP 2 拖动播放进度控制按钮至起始位置"2:10"，在播放窗口左下角可看到播放时间，如图5-40所示。

STEP 3 单击鼠标右键，在弹出的快捷菜单中选择【转码/截取/合并】/【视频/音频截取】菜单命令，在打开的截取控制面板中拖动截取终点控制到终止位置"3:28"，如图5-41所示。

图5-40 设置起点   图5-41 设置终点

STEP 4 单击 保存 按钮，在打开的"视频/音频保存"对话框中选中"保存视频"单选项，再进行如图5-42所示的设置，并单击 确定 按钮完成保存操作。

STEP 5 保存完毕后可单击 ▶ 按钮查看转换后的视频效果，如图5-43所示。

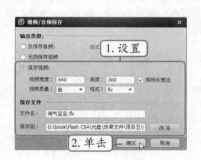

图5-42 保存视频   图5-43 播放视频

（二）导入视频

接下来在Flash CS4中导入视频文件，完成Flash视频动画的制作，其具体操作如下。

STEP 1 新建Flash文件并保存为"淘气宝宝.fla"，选择【文件】/【导入】/【导入视频】菜单命令，单击 浏览... 按钮，在打开的"打开"对话框中双击要导入的视频文件，如图5-44所示。

STEP 2 选中"使用回放组件加载外部视频"单选项，再单击 下一步> 按钮，如图5-45所示。

操作提示
　　由于已事先将视频文件截取并转码为.flv类型的文件，因此可直接将视频插入到Flash中，而不用再单击 启动 Adobe Media Encoder 按钮进行转码。

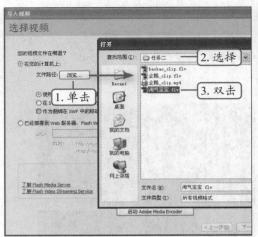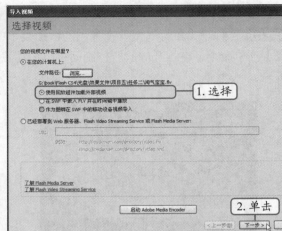

图5-44　选择视频文件　　　　　　　　　图5-45　选择放置视频文件类型

STEP 3　在打开的对话框中保持默认设置，直接单击 下一步> 按钮，如图5-46所示。

STEP 4　在打开的对话框中保持默认设置，直接单击 完成 按钮，完成视频导入操作，如图5-47所示。

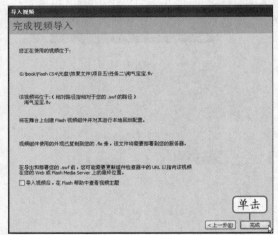

图5-46　设置外观　　　　　　　　　　图5-47　完成视频导入

STEP 5　按【Ctrl+M】组合键，在打开的对话框中设置文档尺寸，如图5-48所示，单击 确定 按钮关闭对话框。

操作提示　　在"文档属性"对话框中设置尺寸值时，可先选中"内容"单选项，然后再适当增加高度值（该高度值为回放组件的高度值）即可。

STEP 6　按【Ctrl+Enter】组合键测试，效果如图5-49所示（最终效果参见：光盘:\效果文件\项目五\任务二\淘气宝宝.fla）。

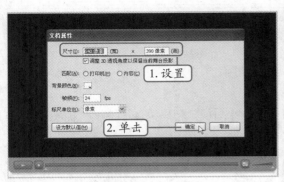

图5-48 设置文档属性

图5-49 测试播放效果

实训一 制作音乐播放器动画

【实训要求】

本实训要求制作一个模拟音乐播放器播放MP3音乐效果的Flash动画。

【实训思路】

制作本动画时，首先需要截取MP3音乐片断，然后导入到Flash源文件中，并为时间轴添加声音并进行封套效果的设置，使其具有淡入淡出的效果。本实训的参考效果如图5-50所示。

图5-50 制作音乐播放器动画

【步骤提示】

STEP 1 使用QQ影音软件打开素材文件"if you are happy.mp3"（素材参见：光盘:\素材文件\项目五\实训一\if you are happy.mp3），截取部分音频并保存为"if you are happy_clip.mp3"（最终效果参见：光盘:\效果文件\项目五\实训一\if you are happy_clip.mp3）。

STEP 2 打开素材文件"音乐播放器.fla"（素材参见：光盘:\素材文件\项目五\实训一\音乐播放器.fla），导入MP3文件"if you are happy_clip.mp3"。

STEP 3 在"音乐"层中选择第1帧，为其添加音乐"if you are happy_clip.mp3"。

STEP 4 根据音乐的长度适当增加帧长度至第434帧，并调整其他图层的结束帧的位置，保存文档并测试预览（最终效果参见：光盘:\效果文件\项目五\实训一\音乐播放器.fla）。

实训二 制作视频短片动画

【实训要求】

本实例要求制作一个天府广场的Flash视频短片动画。

【实训思路】

本动画主要涉及使用Adobe Media Encoder CS4将avi视频转码为f4v视频，然后在Flash中导入视频并添加到舞台等操作。本实训的参考效果如图5-51所示。

图5-51 制作视频短片动画

【步骤提示】

STEP 1 启动"Adobe Media Encoder CS4"并添加素材文件"天府广场.avi"（素材参见：光盘:\素材文件\项目五\实训二\天府广场.avi），再将其转换为"天府广场.f4v"。

STEP 2 启动Flash CS4，新建Flash文档，选择【文件】/【导入】/【导入视频】菜单命令导入视频"天府广场.f4v"，并采用"使用回放组件加载外部视频"方式放置视频文件。

STEP 3 最后设置文档属性，使舞台大小与视频动画及回放组件一样（最终效果参见：光盘:\效果文件\项目五\实训二\天府广场.fla）。

常见疑难解析

问：为什么在导入MP3声音素材时，Flash CS4提示该素材无法导入？

答： 可能因为MP3文件自身的问题，或Flash CS4不支持该文件的压缩码率。解决方法是使用专门的音频转换软件，将MP3文件的格式转换为WAV声音格式，或将MP3文件的压缩码率重新转换为44kHz、128kbps，随后即可正常导入。

问：将声音素材应用到动画后，为什么声音的播放和动画不同步？应如何处理？

答： 这是因为没有正确设置声音的播放方式。解决方法是在"属性"面板的"同步"列表框中，将声音的播放方式设置为"数据流"，然后根据声音的播放情况，对动画中相应帧的位置进行适当调整。

问：为什么已将视频转换为.flv格式，但在采用"在SWF中嵌入FLV并在时间轴中播

放"方式放置视频文件时会出错？

答：出现这种情况的原因可能是转换的视频太长了，采用"在SWF中嵌入FLV并在时间轴中播放"方式放置视频文件除了要求是flv格式的视频文件外，还需要保证视频较短，否则就会出现如题所述的问题。

问：为什么在导入视频时，单击 [启动 Adobe Media Encoder] 按钮时提示出错？

答：这是因为在安装Flash CS4时未选择安装Adobe Media Encoder软件，或者所下载的Flash软件是精简版而不包括该软件。

拓展知识

1. Adobe Media Encoder转码设置

在使用Adobe Media Encoder转码时，可单击"预设"栏中的链接"FLV－ 与源..."，在打开的对话框中进行详细的转码设置，包括截取视频片断等，如图5-52所示。

图5-52　进行转码设置

2. **使用拖动法为时间轴添加声音**

在时间轴中选择要添加声音的帧，然后从"库"面板中拖动声音文件到舞台中，即可完成为时间轴添加声音的操作。

3. **F4V与FLV的区别**

F4V是Adobe公司为了迎接高清时代而推出的继FLV格式后支持H.264的流媒体格式。它和FLV的主要区别在于，FLV格式采用的是H263编码，而F4V则支持H.264编码的高清晰视频，码率最高可达50Mbps。主流的视频网站(如奇艺、土豆、酷6)等网站都开始用H264编码的F4V文件，相同文件大小情况下，清晰度明显比On2 VP6和H263编码的FLV要好。

课后练习

（1）为Banner动画添加背景音乐，并设置为循环播放，完成后最终效果如图5-53所示（最终效果参见：光盘:\效果文件\项目五\课后练习\Banner.fla）。

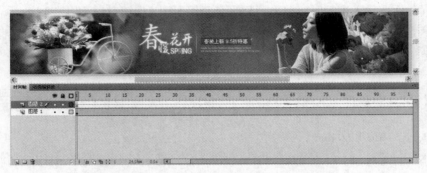

图5-53　制作有声Banner动画

（2）使用"在SWF中嵌入FLV并在时间轴中播放"方式制作"白鲸"动画，完成后最终效果如图5-54所示（最终效果参见：光盘:\效果文件\项目五\课后练习\白鲸.fla）。

图5-54　制作"白鲸"动画

情景导入

小白：阿秀，Flash CS4能制作3D动画吗？像人物行走之类的动画？

阿秀：在Flash早期版本中是不可能的，但Flash CS4为我们带来了全新的功能，利用IK反向运动可以轻松实现3D人物的行走动画。

小白：IK反向运动？

阿秀：Inverse Kinematics（反向运动）简称IK，是依据反向运动学的原理对层次连接后的复合对象进行运动设置。

小白：还是不明白，你做个实例给我看看吧？

阿秀：好的。另外再教你做Deco动画，这也是Flash CS4提供给我们的一种非常神奇的工具哦。

小白：嗯，我很期待哦！

学习目标

● 了解Deco工具
● 掌握使用Deco工具的方法
● 了解骨骼系统
● 掌握3D旋转工具的使用方法

技能目标

● 能使用Deco工具灰胡子图形并制作动画
● 理解Flash中的3D与骨骼的相关概念
● 掌握"Deco梦幻水晶球"动画、"3D文字动画"、"骨骼动画"的制作方法

任务一 制作Deco梦幻水晶球动画

Flash CS4的Deco工具是一个新增的工具，使用该工具可以快速画出一些特定的图案，如藤蔓、网格及对称刷子等图案。

一、任务目标

本例将使用Deco工具制作梦幻水晶球。其中包括水晶球的制作、水晶球藤蔓纹理的制作等。通过本例的学习，可以掌握Deco工具的使用方法。本例制作完成后的最终效果如图6-1所示。

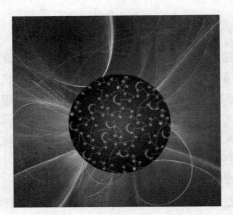

图6-1 制作Deco梦幻水晶球动画

二、相关知识

本例涉及圆的绘制及填充、颜色渐变工具的使用，Deco工具中叶、花等部件的绘制，以及使用Deco工具等相关知识，下面先对Deco工具的相关知识进行介绍。

（一）Deco工具简介

Deco工具是Flash中一种类似"喷涂刷"的填充工具，使用Deco工具可以快速完成大量相同元素的绘制，也可以应用它制作出很多复杂的动画效果。与图形元件和影片剪辑元件配合，还可以制作出效果更加丰富的动画效果。

Deco工具提供了众多的应用方法，除了使用默认的图形进行绘制外，Flash CS4还为用户提供了开放的创作空间，可以让用户通过创建元件，完成复杂图形或者动画的制作。

Deco工具是Flash CS4中的新功能，并在Flash CS5中增强了Deco工具的功能，如增加了众多的绘图工具，使得绘制丰富背景变得方便而快捷。

Flash CS4中的Deco工具一共提供了3种绘制效果，包括藤蔓式填充、网格填充和对称刷子，下面分别介绍这3种绘制效果。

1. 藤蔓式填充

利用藤蔓式填充效果，可以用藤蔓式图案填充舞台、元件或封闭区域。通过从库中选择元件，可以替换叶子和花朵的插图。生成的图案将包含在影片剪辑中，而影片剪辑本身包含组成图案的元件。如图6-2所示为使用默认设置完成的藤蔓式填充效果。

2. 网格填充

网格填充可以把基本图形元素复制，并有序地排列到整个舞台上，产生类似壁纸的效果。如图6-3所示为使用默认设置进行网格填充的效果。

3. 对称刷子

使用对称刷子效果，可以围绕中心点对称排列元件。在舞台上绘制元件时，将显示手柄，使用手柄增加元件数、添加对称内容或者修改效果，来控制对称效果。使用对称刷子效果可以创建圆形用户界面元素（如模拟钟面或刻度盘仪表）和旋涡图案。如图6-4所示为使用默认设置进行对称刷子填充的效果。

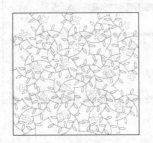
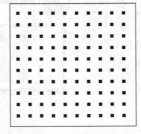
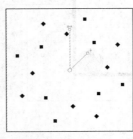

图6-2　藤蔓式填充　　　　图6-3　网格填充　　　　　图6-4　对称刷子

（二）使用Deco工具

Deco工具的使用比较简单，先制作好需要的Deco部件（如藤蔓填充中的叶和花影片元件），然后在工具箱中选择Deco工具 ，在"属性"面板中进行相应的选择及设置，然后在舞台中单击或拖动即可进行绘制。

1. 藤蔓式填充

藤蔓式填充主要包括叶和花两个Deco部件（藤部分由系统自动生成），因此可事先制作好叶和花影片剪辑元件，然后选择Deco工具，在"属性"面板中进行相应的设置，然后将鼠标指针移动到舞台中单击即可完成藤蔓式填充。

选择"藤蔓式填充"后的"属性"面板如图6-5所示。在其中单击 编辑... 按钮可在打开的对话框中选择影片剪辑元件作为"叶"或"花"的形状，如图6-6所示。

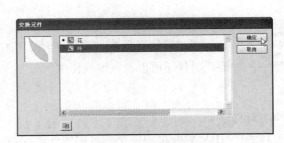

图6-5　"属性"面板　　　　　　　　图6-6　选择影片剪辑元件

在"属性"面板的"高级选项"栏中可设置"分支角度",即设置每个分支的旋转角度,一般保持默认值即可。单击"分支角度"后的颜色块,则可以设置分支(即藤)的颜色。在"图案缩放"栏中可设置图案的缩放比例,在"段长度"栏中可设置每个分支段的长度。

使用Deco工具进行"藤蔓式填充"的操作如图6-7所示。

图6-7　选择影片剪辑元件

知识补充　　若在"属性"面板中采用默认的形状,则可以单击 编辑... 按钮下方的颜色块进行叶或花的颜色的设置,如果使用自定义的形状,则无法进行设置。

2. 网格填充

网格填充只需要设置一个影片剪辑元件即可。其操作流程与藤蔓式填充相同,即先绘制影片剪辑元件,然后选择Deco工具, 在"属性"面板中设置形状为绘制的影片剪辑元件,最后在舞台中单击进行填充即可,如图6-8所示。

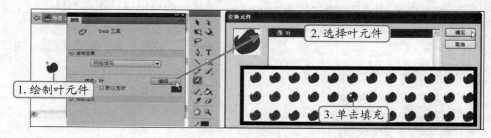

图6-8　网格填充示意图

知识补充　　在"属性"面板"高级选项"栏中可设置网格各叶子间的水平及垂直间距,而且还可以设置缩放比率。

3. 对称刷子

对称刷子中只需要设置一个影片剪辑元件即可。其操作流程与网格填充相同,即先绘制影片剪辑元件,然后选择Deco工具, 在"属性"面板中设置形状为绘制的影片剪辑元件,最后在舞台中拖动进行填充即可，如图6-9所示。

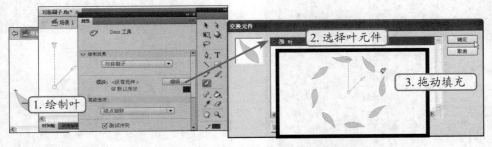

图6-9　对称刷子填充示意图

在"属性"面板的"高级选项"栏中可设置对称方式，各选项对应效果如图6-10所示。

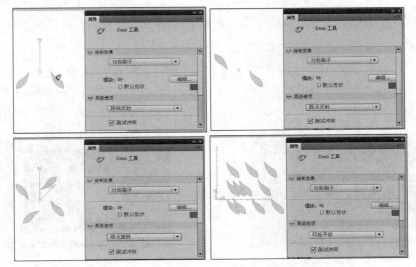

图6-10　各种对称效果

三、任务实施

（一）制作Deco部件

首先进行水晶球体、星星及月亮的绘制，其具体操作如下。

STEP 1 启动Flash CS4程序后，打开素材文件"梦幻水晶球.fla"（素材参见：光盘:\素材文件\项目六\任务一\梦幻水晶球.fla）。

STEP 2 在工具箱中选择基本椭圆工具 ，打开"颜色"面板，设置填充颜色为"放射状"类型，填充颜色为"#5771EC"（Alpha: 100%）、"#0D1E62"（Alpha: 100%），再设置笔触颜色为"#0D1E62"，在舞台中如图6-11所示的位置绘制一个正圆。

STEP 3 在绘制的球体上单击鼠标右键，在弹出的快捷菜单中选择"转换为元件"菜单命令，在打开的对话框中进行设置，将其转换为"水晶球"影片剪辑元件，如图6-12所示。

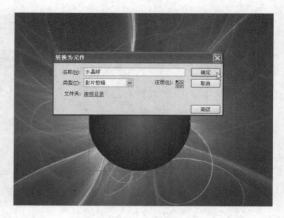

图6-11 绘制水晶球 图6-12 转换为影片剪辑元件

STEP 4 新建"星星"影片剪辑元件，取消笔触颜色，设置填充颜色为白色，选择基本椭圆工具，按住【Shift】键的同时拖动绘制一个较小的正圆，如图6-13所示。

STEP 5 新建"月亮"影片剪辑元件，设置笔触颜色为红色，填充颜色为白色，选择基本椭圆工具，绘制一个正圆，再按【Ctrl+C】组合键进行复制，并按【Ctrl+Shift+V】组合键进行原位置粘贴，再按键盘上的向下方向键，适当向下移动复制的正圆，如图6-14所示。

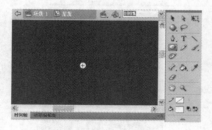

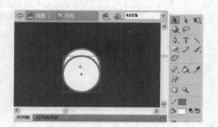

图6-13 绘制小星星 图6-14 绘制月亮

STEP 6 选择选择工具，框选两个正圆，再按【Ctrl+B】组合键将其打散，并删除下方的正圆及所有红色线条，完成月亮的绘制，如图6-15所示。

图6-15 绘制月亮

（二）使用Deco填充

下面使用Deco工具的"藤蔓式填充"为水晶球体填充漂亮的纹理，具体操作如下。

STEP 1 在主场景中双击水晶球影片剪辑元件实例，进入影片剪辑元件编辑窗口，选择Deco工具，在"属性"面板中选择"藤蔓式填充"选项，在"叶"栏中单击 编辑... 按钮，在打开的对话框中选择"星星"影片剪辑元件，再单击 确定 按钮关闭对话框，如图6-16

所示。

图6-16　设置叶影片剪辑元件

STEP 2　单击"花"栏中的 ██ 编辑... ██ 按钮，设置花的影片剪辑元件为"月亮"，再单击
"高级选项"栏中的色块，设置颜色为白色，如图6-17所示。

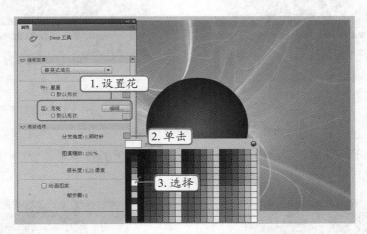

图6-17　设置花影片剪辑元件及分支颜色

STEP 3　新建图层"图层2"，将鼠标指针移动到舞台中的水晶球体上方，按住鼠标左键
不放，直到Deco填充完整个舞台后释放鼠标，如图6-18所示。

STEP 4　选择Deco填充图形，将其转换为"deco"影片剪辑元件，在"属性"面板的
"色彩效果"栏中选择"Alpha"选项，并设置Alpha值为"50%"，如图6-19所示。

STEP 5　在"图层1"中的第80帧处插入帧。在"图层2"中的第80帧处插入关键帧，并
创建传统补间动画。选择第1帧中的"deco"影片剪辑元件实例，将其向右侧移动，使其左
侧与水晶球左侧相齐，如图6-20所示。

STEP 6　选择"图层2"第80帧中的"deco"影片剪辑元件实例，将其向左移动，使其右
侧与水晶球右侧相齐，如图6-21所示。

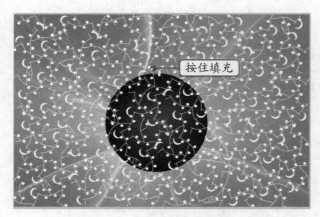

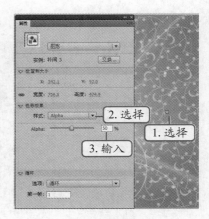

图6-18　Deco填充 　　　　　　　　　　　图6-19　设置Alpha值

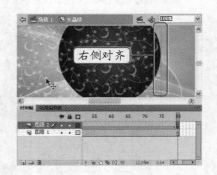

图6-20　左侧对齐 　　　　　　　　　　　图6-21　右侧对齐

STEP 7　新建图层"图层3"，复制"图层1"的第1帧，选择"图层3"第1帧并单击鼠标右键，在弹出的快捷菜单中选择"粘贴帧"菜单命令粘贴帧，如图6-22所示。

STEP 8　将"图层3"设置为遮罩层，如图6-23所示。

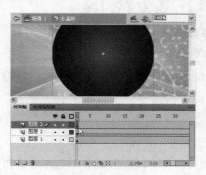

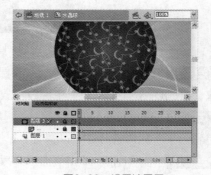

图6-22　复制粘贴帧 　　　　　　　　　　图6-23　设置遮罩层

STEP 9　返回主场景，选择"水晶球"影片剪辑元件实例，打开"属性"面板，在"滤镜"栏中添加"发光"滤镜效果，其参数设置如图6-24所示。

STEP 10　继续添加"投影"滤镜效果，其参数设置如图6-25所示，其中阴影颜色为"#000000"。

STEP 11　保存文档，按【Ctrl+Enter】键测试动画（最终效果参见：光盘:\效果文件\项目六\任务一\梦幻水晶球.fla）。

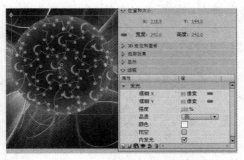

图6-24　设置发光效果

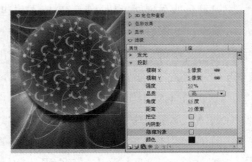

图6-25　设置投影效果

任务二　制作3D文字动画

　　Flash CS4中新增了3D功能，虽然不能与专业的3D软件相比，但一般的3D动画还是比较容易实现。本例将制作一段3D文字动画。

一、任务目标

　　本例将练习制作一段3D文字动画，主要涉及文本的输入与设置、滤镜的使用、补间动画的创建、3D补间动画的创建、3D平移工具及3D旋转工具的使用等知识。通过本例的学习，可以掌握3D动画的制作方法。本例制作完成后的最终效果如图6-26所示。

图6-26　制作3D文字动画

行业提示

　　　　3D动画又称为三维动画，是近年来随着计算机软硬件技术的发展而产生的一项新兴技术。三维动画软件在计算机中首先建立一个虚拟的世界，设计师在这个虚拟的三维世界中按照要表现的对象的形状尺寸建立模型以及场景，再根据要求设定模型的运动轨迹、虚拟摄影机的运动和其他动画参数，最后按要求为模型赋上特定的材质，并打上灯光。当这一切完成后就可以让计算机自动运算，生成最后的画面。

二、相关知识

　　在制作本例过程中用到了3D平移工具、3D旋转工具及3D补间动画的创建等知识，下面分别介绍其相关知识。

（一）认识Flash 3D动画

随着多媒体技术的发展，3D技术也越来越多地被应用于广告和电影电视剧的特效制作（如爆炸、烟雾、下雨、光效等）、特技（撞车、变形、虚幻场景或角色等）、广告产品展示、片头文字等。3D动画和3D制作软件也在各个领域蓬勃发展，Adobe公司也不甘落后，Flash CS4中就引入了一些 3D功能，从而给 Flash 软件带来更多的3D 效果。

在 Flash CS4中引入了三维定位系统，在二维坐标的基础上增加一个Z坐标轴，因此可以使用X、Y、Z三个坐标来确定对像的位置，从而实现了三维定位，使3D动画成为现实。

下面介绍Flash CS4中关于3D动画的一些术语。

- **3D空间**：Flash通过在每个影片剪辑实例的属性中添加Z轴来表示3D空间，3D空间包括全局3D空间或局部3D空间。全局3D空间即为舞台空间，全局变形和平移与舞台相关；局部3D空间即为影片剪辑空间，局部变形和平移与影片剪辑空间相关。

- **3D影片剪辑**：影片剪辑拥有各自独立于主时间轴的多帧时间轴。可以将多帧时间轴看作是嵌套在主时间轴内创建影片剪辑实例。影片剪辑实例是Flash3D动画中重要的元素，只能使用影片剪辑创建3D动画，Flash允许通过在舞台的3D空间中移动和旋转影片剪辑来创建3D效果。

- **3D补间动画**：3D补间动画，在Flash CS4中引入，功能强大且易于创建。通过补间可对补间的动画进行最大程度的控制，补间动画是通过为一个帧中的对象属性指定一个值，并为另一个帧中的该相同属性指定另一个值创建的动画。创建3D对象后可以使用3D补间动画来为3D对象创建动画效果。无法使用传统补间为3D对象创建动画效果。

（二）3D工具的使用

Flash CS4中的3D工具有3D平移工具和3D旋转工具两个工具，下面分别进行介绍。

1. 3D平移

可以使用3D平移工具 在3D空间中移动影片剪辑实例。在使用该工具选择影片剪辑后，影片剪辑的X、Y和Z3个轴将显示在舞台中的对象上（X轴为红色、Y轴为绿色、Z轴为蓝色），使用鼠标沿着坐标轴方向进行拖动即可移动其3D坐标位置，如图6-27所示，在"属性"面板的"3D定位和查看"栏中可查看各轴的具体数值。

图6-27　使用3D平移工具

2. 3D旋转

使用3D旋转工具 可以在3D空间中旋转影片剪辑实例。3D旋转控件出现在舞台上的选定对象之上（X控件红色、Y控件绿色、Z控件蓝色）。使用橙色的自由旋转控件可同时绕X和Y轴旋转，如图6-28所示。

图6-28 使用3D旋转工具

知识补充 将鼠标指针移动到各控件上时，将在鼠标指针右下角显示X、Y或Z，即表示相应的轴，如 表示这条绿色的控件即是Y轴。

（三）创建3D补间动画

3D补间动画基于补间动画，即需要先为影片剪辑元件实例创建补间动画（不能是传统补间动画），然后再创建3D补间动画，如图6-29所示。

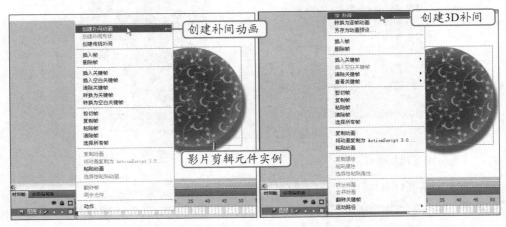

图6-29 创建3D补间动画

创建3D补间动画后，即可像编辑补间动画一样，在补间范围中选择帧，并使用3D平移工具或3D旋转工具，结合"属性"面板中的"滤镜"效果等进行3D动画效果的制作。

知识补充 3D补间动画只能通过影片剪辑元件创建，图形元件及按钮元件都不能创建3D补间动画。

三、任务实施

（一）创建3D效果文本

制作本动画时，先进行3D效果文本影片剪辑的创建，其具体操作如下。

STEP 1 新建Flash文档并保存为"3D文本.fla"。

STEP 2 选择文本工具，在舞台中心输入文本"FLASH"，并在"属性"面板中设置颜色为"#C90000"、字体为"Broadway"、大小为"100.0点"，如图6-30所示。

STEP 3 选择输入的文本，将其转换为名为"flash_text"的影片剪辑元件，如图6-31所示。

图 6-30　输入文本　　　　　　　　　　　　　图 6-31　转换为影片剪辑元件

STEP 4 选择影片剪辑元件实例，在"属性"面板中为其添加滤镜效果，其参数设置如图6-32所示。

图6-32　添加滤镜效果

（二）制作3D动画

接下来为文本制作3D动画效果，其具体操作如下。

STEP 1 选择舞台中的文本，将其转换为"flash"影片剪辑元件，选择第1帧，单击鼠标右键，在弹出的快捷菜单中选择"创建补间动画"菜单命令，如图6-33所示。

STEP 2 选中第1帧，单击鼠标右键，在弹出的快捷菜单中选择"3D补间"菜单命令，如图6-34所示。

操作提示　　这里必须将舞台中的文本转换为影片剪辑元件，否则无法创建3D补间动画，即只能创建补间动画，但无法创建3D补间。

图6-33 创建补间动画

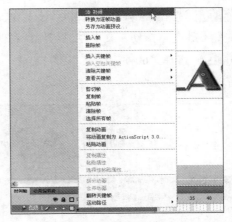

图6-34 创建3D补间

STEP 3 移动补间范围到第30帧并选择第30帧，单击鼠标右键，在弹出的快捷菜单中选择【插入关键帧】/【位置】菜单命令插入关键帧，如图6-35所示。

STEP 4 选择第1帧，选择3D平移工具，将鼠标指针移动到红色控件上，按住鼠标左键不放向左拖动，至文本右侧与舞台左侧相齐时释放鼠标，如图6-36所示。

图6-35 插入位置关键帧

图6-36 平移文本

STEP 5 选择第30帧，选择3D旋转工具，将鼠标指针移动到红色控件（Y轴）上，按住鼠标左键不放向上拖动，在文本与补间路径相重叠（变为一条线）时释放鼠标，翻转文本如图6-37所示。

STEP 6 选择第1帧至第30帧的补间范围帧，单击鼠标右键，在弹出的快捷菜单中选择"复制帧"菜单命令，再在第31帧上单击鼠标右键，在弹出的快捷菜单中选择"粘贴帧"菜单命令。接着选择第31帧至第60帧的补间范围帧，单击鼠标右键，在弹出的快捷菜单中选择"翻转关键帧"菜单命令，完成后的时间轴及舞台显示如图6-38所示。

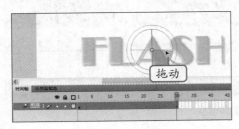

图6-37 翻转文本

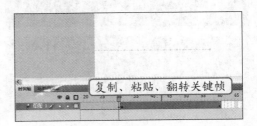

图6-38 复制、粘贴、翻转关键帧

STEP 7 选择第60帧，选择3D平移工具，将鼠标指针移动到红色控件（Y轴）上，按住鼠标左键不放向右拖动，文本左侧与舞台右侧相齐时释放鼠标，如图6-39所示。

STEP 8 选择第60帧中的文本影片剪辑元件实例，在"属性"面板的"色彩效果"栏中设置"Alpha"值为0%，如图6-40所示。

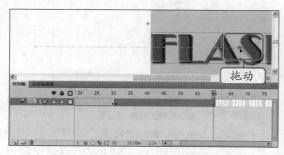

图6-39 移动文本 　　　　　　　　　　　图6-40 设置Alpha值

STEP 9 保存文档，按【Ctrl+Enter】组合键测试播放效果（最终效果参见：光盘:\效果文件\项目六\任务二\3D文本.fla）。

任务三　制作骨骼动画

　　Flash CS4 中提供了一个全新的骨骼工具，可以很便捷地把符号（Symbol）连接起来，形成父子关系，从而实现反向运动（Inverse Kinematics）。本例将使用骨骼工具制作一个骨骼动画。

一、任务目标

　　本例将练习制作骨骼动画，制作时主要涉及调整中心点、创建骨骼、设置骨骼属性、创建动画等知识。通过本例的学习，可以掌握骨骼动画的制作方法。本例制作完成后的最终效果如图6-41所示。

图6-41 制作骨骼动画

二、相关知识

　　在制作本例过程中涉及骨骼工具、绑定工具等知识，下面分别进行介绍。

（一）认识IK反向运动

骨骼动画是一种允许动画制作人员借助名为骨骼或连接的节点层次结构动画模拟模型的技术。连接在一起的骨骼或链接形成的层次结构就构成了骨架。这些骨架与网格连接在一起，可以制作出真实的模拟动画。

在Flash CS4中的骨骼动画，被称为IK反向运动。IK反向运动是一种使用骨骼的有关节结构对一个对象或彼此相关的一组对象进行动画处理的方法。例如，通过移动手来定位手臂就是IK反向运动。

在Flash中可以向单独的元件实例或单个形状的内部添加骨骼。在一个骨骼移动时，与启动运动的骨骼相关的其他连接骨骼也会移动。使用反向运动进行动画处理时，只需指定对象的开始位置和结束位置即可。通过反向运动，可以更加轻松地创建自然的运动。

骨骼链称为骨架。在父子层次结构中，骨架中的骨骼彼此相连。骨架可以是线性的或分支的。源于同一骨骼的骨架分支称为同级。骨骼之间的连接点称为关节。

在Flash中可以按两种方式使用IK反向运动。

● 元件实例间连接：将角色的各个部分制作成单独的图形或影片剪辑元件实例，然后用关节连接这些元件实例。骨骼允许链接的元件实例一起移动。例如，有一组影片剪辑，其中的每个影片剪辑都表示人体的不同部分。通过将躯干、上臂、下臂和手链接在一起，可以创建逼真的移动胳膊的动画效果。

● 形状对象内部骨架：可以在绘制的矢量形状中创建骨架。通过骨骼，可以移动形状的各个部分并对其进行动画处理。例如，向简单的蚯蚓图形添加骨骼，以使蚯蚓逼真地移动和弯曲。

知识补充　　在向元件实例或形状添加骨骼时，Flash 将实例或形状以及关联的骨架移动到时间轴的新图层中。此新图层称为姿势图层。每个姿势图层只能包含一个骨架及其关联的实例或形状。

（二）使用IK工具

在Flash CS4中包括两个用于处理IK的工具。使用骨骼工具可以向元件实例和形状添加骨骼；使用绑定工具可以调整形状对象的各个骨骼和控制点之间的关系。下面分别介绍这两个工具的使用方法。

1. 骨骼工具

在属性面板中选择骨骼工具 后，可对元件实例或矢量形状添加骨骼。为元件实例添加骨骼时，在工具箱中选择"骨骼工具" ，单击要成为骨架的根部或头部的元件实例，然后拖动到单独的元件实例，将其连接到根实例。在拖动时，将显示骨骼，释放鼠标，在两个元件实例之间将显示实心的骨骼，每个骨骼都具有头部、圆端和尾部（尖端），如图6-42所示。还可继续为骨骼添加其他骨骼，若要添加其他骨骼，可以使用"骨骼工具"从第一个骨骼的尾部拖动到要添加骨架的下一个元件实例上。鼠标指针在经过现有骨骼的头部或尾部时会发生改变。按照要创建的父子关系的顺序，将对象与骨骼链接在一起，如图6-43所示。

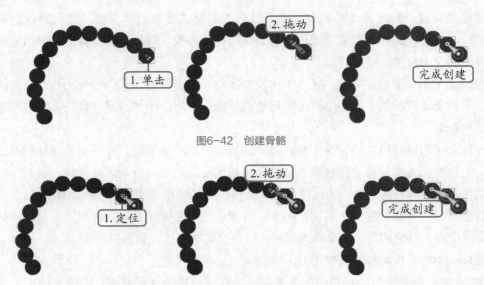

图6-42　创建骨骼

图6-43　创建其他骨骼

可以在根骨骼上连接多个实例以创建分支骨架，分支可以连接到根骨骼上，但不能直接连接到其他分支。用"骨骼工具"单击希望分支开始的现有骨骼的头部，然后拖动到创建新分支的第一个骨骼上，如图6-44所示。

图6-44　创建分支骨骼

为矢量形状创建骨架时，需要选择全部矢量形状（所有形状必须是一个整体），选择骨骼工具，在形状内定位，并按下鼠标左键不放拖动到矢量形状的其他位置后释放鼠标，在单击的点和释放鼠标的点之间将显示一个实心骨骼，如图6-45所示。创建其他骨骼及创建分支骨骼的操作与元件实例的创建方法一样，这里不再赘述。

图6-45　创建矢量图形骨骼

2. 绑定工具

"骨骼工具"下属的绑定工具 ，是针对"骨骼工具"为单一矢量形状添加骨骼而使用的（元件实例骨骼不适用）。

在矢量形状中创建好骨骼后，在"属性"面板中选择绑定工具 ，使用绑定工具选择骨骼一端，选中的骨骼呈红色，按下鼠标左键向形状边线控制点移动，控制点为黄色，拖动过程中会显示一条黄色的线段。当骨骼点与控制点连接后，就完成了绑定连接的操作，可以单一的骨骼绑定单一的端点，端点呈方块显示。也可以多个骨骼绑定单一的端点，端点呈三角显示。如图6-46所示为一对一进行绑定的效果，如图6-47所示为多对一绑定的效果。

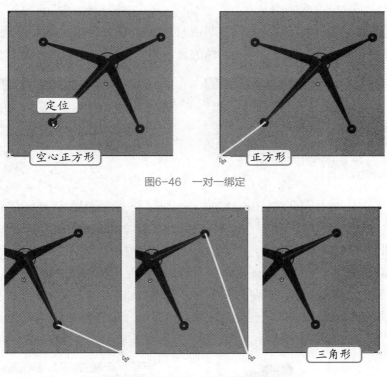

图6-46　一对一绑定

图6-47　多对一绑定

（三）骨骼的编辑

创建骨骼后，可以使用多种方法编辑它们。可以重新定位骨骼及其关联的对象、在对象内移动骨骼、更改骨骼的长度、删除骨骼，以及编辑包含骨骼的对象。

1. 选择骨骼和关联的对象

使用选择工具可选择骨骼，其相关的选择操作说明如下。

● 选择单个骨骼：选择选择工具后，单击骨骼可选择该骨骼。在"属性"面板中将显示骨骼属性，单击面板顶部的 按钮可以切换选择其他相关联的骨骼，如图6-48所示。

● 选择所有骨骼：选择选择工具后，在某个骨骼上双击鼠标左键可以选择所有骨骼，如图6-49所示。

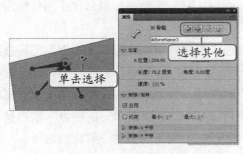

图6-48 选择单个骨骼

图6-49 选择所有骨骼

● 选择IK形状：要选择 IK 形状，可以用选择工具单击该形状，如图6-50所示。

● 选择元件实例：若要选择连接到骨骼的元件实例，单击即可，如图6-51所示。

图6-50 选择IK形状

图6-51 选择元件实例

2. 删除骨骼

选择要删除的骨骼后按【Delete】键可删除所选骨骼。如果按住【Shift】键单击每个骨骼可以选择要删除的多个骨骼。若要从某个 IK 形状或元件实例骨架中删除所有骨骼，用选择工具选择该形状或该骨架中的任何元件实例，然后选择【修改】/【分离】菜单命令，如图6-52所示。

图6-52 删除骨骼

3. 重新定位骨骼和对象

可以通过重新定位骨骼和关联的对象，编辑IK骨骼和对象。包括骨架、骨架分支和IK形状。

● 重定位线性骨架：拖动骨架中的任何骨骼，可以重新定位线性骨架。如果骨架已连接到元件实例，则还可以拖动实例，使其相对于骨骼进行旋转，如图6-53所示。

● 重定位骨架分支：若要重新定位骨架的某个分支，可以拖动该分支中的任何骨骼。

该分支中的所有骨骼都将移动。骨架的其他分支中的骨骼不会移动，如图6-54所示。

图6-53　重定位线性骨架

图6-54　重定位骨架分支

● **旋转多骨骼**：若要将某个骨骼与其子级骨骼一起旋转而不移动父级骨骼，需要按住【Shift】键并拖动该骨骼，如图6-55所示。

● **移动IK形状**：若要在舞台上移动 IK 形状，可以选择该形状并在"属性"面板中更改其X和Y属性，如图6-56所示。

图6-55　重定位线性骨架

图6-56　重定位骨架分支

4. 移动骨骼

可以相对于关联的形状或元件来移动骨骼。

● **移动形状骨骼**：若要移动IK形状内骨骼任一端的位置，请使用部分选取工具拖动骨骼的一端，如图6-57所示。

● **移动元件骨骼**：若要移动骨骼连接、头部或尾部的位置，可以选择所有实例，在"属性"面板更改变形点，如图6-58所示。

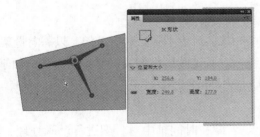

图6-57　移动形状骨骼

图6-58　移动元件骨骼

5. 编辑 IK 形状

使用部分选取工具，可以在 IK 形状中添加、删除和编辑形状的控制点。

● **显示控制点**：选择部分选取工具，单击形状边缘（即笔触线），可显示控制点，如图6-59所示。

● **移动控制点：**若要移动控制点，使用部分选取工具拖动该控制点，如图6-60所示。

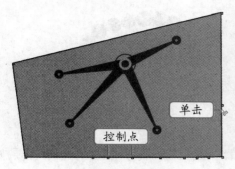

图6-59　显示控制点

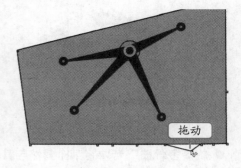

图6-60　移动控制点

● **添加控制点：**使用部分选取工具单击笔触上没有任何控制点的部分，或使用添加锚点工具，可添加新的控制点，如图5-61所示。

● **删除控制点：**若要删除现有的控制点，可以使用部分选取工具单击选择它后，按【Delete】键删除。或使用删除锚点工具直接单击控制点进行删除，如图6-62所示。

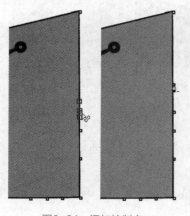

图6-61　添加控制点

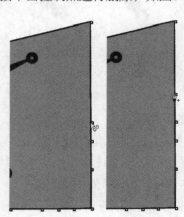

图6-62　删除控制点

（四）创建与编辑骨骼动画

对IK骨架进行动画处理的方式与Flash中的其他对象不同。对于骨架，只需向骨架图层添加帧并在舞台上重新定位骨架即可创建关键帧。骨架图层中的关键帧称为姿势。由于 IK 骨架通常用于动画，因此每个骨架图层都自动充当补间图层。

1. 在时间轴中对骨架进行动画处理

IK骨架存在于时间轴中的骨架图层上。若要在时间轴中对骨架进行动画处理，可先延长骨架层中帧的长度（骨架层默认只有1帧），然后在骨架图层上单击鼠标右键，在弹出的快捷菜单中选择"插入姿势"菜单命令（相当于补间动画中的属性帧），然后使用选择工具更改骨架的属性，如改变骨骼的位置等，Flash将自动完成动画补间的创建，其操作流程如图6-63所示。

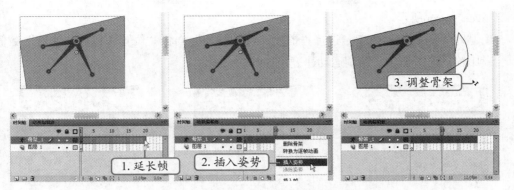

图6-63　在时间轴中对骨架进行动画处理

 　　　　在姿势帧上单击鼠标右键，在弹出的快捷菜单中选择"清除姿势"命令可删除姿势。

2. 将骨架转换为影片剪辑或图形元件

将骨架转换为影片剪辑或图形元件可以实现其他补间效果，若要将补间效果应用于除骨骼位置之外的IK对象属性，该对象必须包含在影片剪辑或图形元件中。

如果是IK形状，只需单击该形状即可；如果是链接的元件实例集，可以在时间轴中单击骨架图层选择所有的骨骼，然后在所选择的内容上单击鼠标右键，在弹出的快捷菜单中选择"转换为元件"菜单命令，在"转化为元件"对话框中输入元件的名称，并选择元件类型，然后单击 确定 按钮，如图6-64所示。

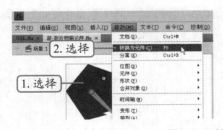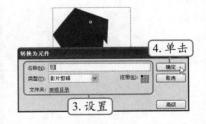

图6-64　转换为元件

（五）编辑IK动画属性

在IK反向运动中，可以通过调整IK运动约束来实现更加逼真的动画效果。

若要 IK 骨架动画更加逼真，可限制特定骨骼的运动自由度，如可约束胳膊间的两个骨骼，以便肘部无法按错误的方向弯曲。其具体的设置项如下。

- 启用X或Y轴移动：选择骨骼后，在"属性"面板的"连接:X平移"或"连接:Y平移"栏中选中"启用"复选框及"约束"复选框，然后设置最小值及最大值，即可限制骨骼在X及Y轴方向上的活动距离，如图6-65所示。
- 约束骨骼的旋转：选择骨骼后，在"属性"面板的"旋转"栏中选中"启用"复选框及"约束"复选框，然后设置最小角度及最大角度值，即可限制骨骼旋转角度，如图6-66所示。

● 限制骨骼的运动速度：选择骨骼后，在"属性"面板"位置"栏的"速度"数值框中输入一个值，可限制运动速度，如图6-67所示。

图6-65　限制X及Y平移

图6-66　限制旋转

图6-67　限制速度

三、任务实施

（一）创建骨骼

制作本动画，需先进行人体骨骼的创建，其具体操作如下。

STEP 1　新建Flash文档并保存为"骨骼动画.fla"。

STEP 2　在舞台中单击鼠标右键，在弹出的快捷菜单中选择【网格】/【编辑网格】菜单命令，在打开的对话框中选中"显示网格"复选框，设置网格大小为10像素×50像素，单击 确定 按钮关闭对话框，如图6-68所示。

STEP 3　显示标尺，拖动绘制出辅助线，如图6-69所示。

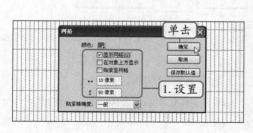

图6-68　设置网格

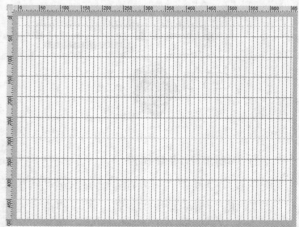

图6-69　添加辅助线

STEP 4　在舞台中绘制人体各组成部分，并分别转化为影片剪辑元件，如图6-70所示。

STEP 5　选择椭圆工具，在如图6-71所示的位置绘制一个任意颜色无笔触的小正圆，并转换为"ghost"影片剪辑元件，以便将其作为根骨骼实例。

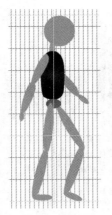

图6-70　绘制角色各部件

图6-71　转换为影片剪辑元件

STEP 6　按【Ctrl+H】组合键取消辅助线的显示。选择骨骼工具，将鼠标指针移动到"ghost"元件实例上，按住鼠标左键不放将其拖动到腰部后释放鼠标左键，完成根骨骼的创建，如图6-72所示。

STEP 7　在腰部单击关节点并拖动到上腿释放以创建上腿骨骼，如图6-73所示。

STEP 8　单击腿部关节，然后拖动到小腿释放以连接小腿，用相同的方法连接脚关节，如图6-74所示。

STEP 9　用与上面相同的方法添加其他部位骨骼以连接各部位关节，如图6-75所示。

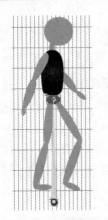

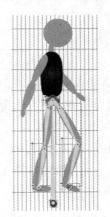
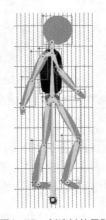

图6-72　创建根骨骼　　　图6-73　创建上腿骨骼　　　图6-74　创建小腿骨骼　　　图6-75　创建其他骨骼

（二）制作骨骼动画

接下来制作骨骼动画效果，其具体操作如下。

STEP 1　将鼠标指针移动到骨架图层的第1帧尾，当鼠标指针变成双箭头时向右拖动延长骨架图层至第40帧，如图6-76所示。

STEP 2　在第10帧处单击鼠标右键，在弹出的快捷菜单中选择"插入姿势"菜单命令，并更改骨架姿势，如图6-77所示。

STEP 3　在第20帧处插入姿势，并更改角色动作姿势，如图6-78所示。

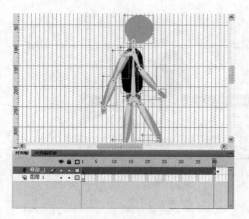

图6-76 延长帧

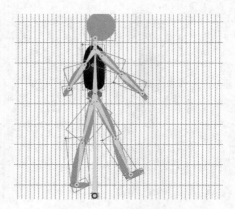

图6-77 创建姿势动画

STEP 4 在第30帧处插入姿势，并更改角色动作姿势，如图6-79所示。

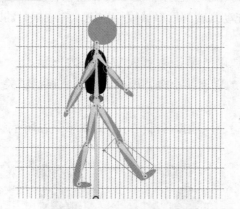

图6-78 创建姿势动画

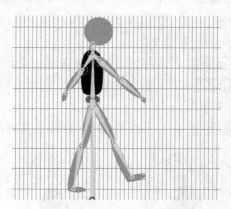

图6-79 创建姿势动画

STEP 5 在第40帧处插入姿势，并更改角色动作姿势，如图6-80所示，然后选中"ghost"影片剪辑元件实例，在"属性"面板中设置"Alpha"值为0。

STEP 6 选中选择"图层1"中的第1帧，导入"背景.jpg"（素材参见：光盘:\素材文件\项目六\任务三\背景.jpg），并转换为"bg"影片剪辑元件，再创建传统补间，并调整背景图像的位置，如图6-81所示。

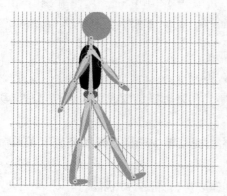

图6-80 创建姿势动画

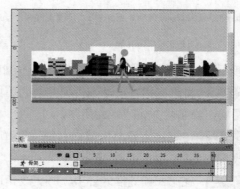

图6-81 创建传统补间动画

STEP 7　保存文档，按【Ctrl+Enter】组合键测试播放效果（最终效果参见：光盘:\效果文件\项目六\任务三\骨骼动画.fla）。

实训一　制作花开遍野动画

【实训要求】

　　本实训要求制作花开遍野动画。

【实训思路】

　　制作本动画首先需要绘制"花"和"叶"影片剪辑元件，再使用Deco工具完成花开遍野效果的制作。本实训的参考效果如图6-82所示。

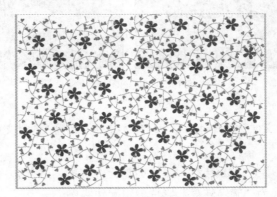

图6-82　制作花开遍野动画

【步骤提示】

STEP 1　绘制"花"和"叶"影片剪辑元件，注意形状的大小，其中"花"影片剪辑元件的大小为"28.4×28"，"叶"影片剪辑元件的大小为"8.1×8.6"。

STEP 2　选择Deco工具，在"属性"面板中设置花和叶的形状，并设置分支颜色为"#00D800"。

STEP 3　将鼠标指针移动到舞台中，按住鼠标左键不放进行填充（最终效果参见：光盘:\效果文件\项目六\实训一\花开遍野.fla）。

实训二　制作3D转盘动画

【实训要求】

　　本实训要求制作一个3D转盘动画。

【实训思路】

　　本实训主要使用3D旋转工具和3D平移工具来制作3D动画效果。本实训的参考效果如图6-83所示。

图6-83　制作3D转盘动画

【步骤提示】

STEP 1　打开素材文件"3D转盘.fla"（素材参见：光盘:\素材文件\项目六\实训二\3D转盘.fla）。

STEP 2　双击舞台中的"3D转盘"影片剪辑元件实例，进入影片剪辑元件编辑窗口，将舞台中的元件实例转换为"旋转转盘"影片剪辑元件实例。

STEP 3　选择3D旋转工具，选择第1帧，创建补间动画，并创建3D补间动画，再延长帧到第40帧。

STEP 4　选择第40帧，并使用3D旋转工具，旋转Z轴，使转盘具有旋转效果。

STEP 5　返回主场景，创建补间动画及3D补间动画，并延长帧至第40帧，选择第40帧，选择3D平移工具，调整舞台中的3D转盘的X、Y、Z值。

STEP 6　选择补间范围，在"属性"面板的"缓动"栏中设置"缓动"值为"−100"，实现由慢到快的缓动效果。

STEP 7　保存文档并测试效果（最终效果参见：光盘:\效果文件\项目六\实训二\3D转盘.fla）。

实训三　制作"荡秋千的心"动画

【实训要求】

　　本实训要求制作"荡秋千的心"动画。

【实训思路】

　　制作本动画首先需要将心图形的各个部分分别转换为影片剪辑元件，然后使用骨骼工具添加骨骼，再创建骨骼动画并设置属性。本实训的参考效果如图6-84所示。

图6-84　制作荡秋千的心动画

【步骤提示】

STEP 1　打开素材文件"荡秋千的心.fla"（素材参见：光盘:\素材文件\项目六\实训三\荡秋千的心.fla）。

STEP 2　将舞台中的图形元件转换为影片剪辑元件。

STEP 3　使用骨骼工具添加骨骼。

STEP 4　延长骨架层帧长至第40帧，在第10、20、30、40帧插入姿势帧，并调整"心"形影片剪辑元件的位置。

STEP 5　选择顶部骨骼，在"属性"面板"旋转"栏中选中"启用"及"约束"复选框，并设置"最大"和"最小"值为0。

STEP 6　选择底部骨骼，在"属性"面板的"旋转"栏中选中"启用"及"约束"复选框。

STEP 7　保存文档，并测试动画（最终效果参见：光盘:\效果文件\项目六\实训三\荡秋千的心.fla）。

常见疑难解析

　　问：**使用Deco工具时为什么不能填满整个舞台？**

　　答：如果绘制的叶及花影片剪辑元件图形太大，在使用Deco工具进行填充时常常只能得到一个或很少的分支图像而无法填满整个舞台，此时应修改叶及花影片剪辑元件图形的大小，然后再进行填充。

　　问：**可以单击多次鼠标进行Deco填充吗？**

　　答：可以，一直按住鼠标左键不放进行填充时，填充完成的图形是一个整体，而多次单击进行Deco填充时，各填充形状是分开的个体，因此不推荐采用多次单击的方法。

　　问：**创建骨架时位置不正确怎么办？**

　　答：骨架的位置比较重要，如果创建的骨架位置不正确，可以选择任意变形工具调整中心点的位置来调整骨架的位置或者删除骨架后重新创建骨架。

　　问：**如何为图形元件或按钮元件创建3D补间动画？**

　　答：由于3D补间动画只能使用影片剪辑元件进行创建，因此需要先将图形元件或按钮元件转换为影片剪辑元件，然后即可创建3D补间动画。

拓展知识

1. 复制动画

在Flash中可复制制作好的3D动画应用到其他对象上。选择补间范围,并单击鼠标右键,在弹出的快捷菜单中选择"复制动画"菜单命令,然后在其他图层的舞台中选择元件实例,单击鼠标右键,在弹出的快捷菜单中选择"粘贴动画"菜单命令即可对该实例应用创建好的补间或3D动画效果。

2. 制作摆动动画时选择矢量形状更佳

在制作荡秋千、钟摆动画时,矢量形状更容易制作出预期的效果,在矢量形状中只需要创建一个骨架即可轻松控制摆动效果。

课后练习

(1)制作"GOODLUCK"动画,最终效果如图6-85所示(最终效果参见:光盘:\效果文件\项目六\课后练习\GOODLUCK.fla)。

GOODLUCK➡GOODLUCK

图6-85 制作GOODLUCK动画

(2)制作钟摆动画,最终效果如图6-86所示(最终效果参见:光盘:\效果文件\项目六\课后练习\钟摆.fla)。

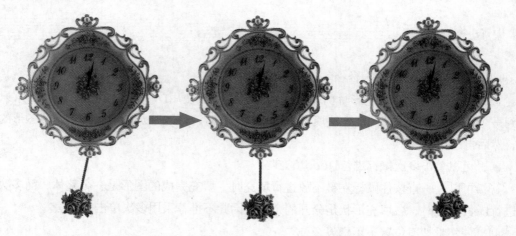

图6-86 制作钟摆动画

情景导入

小白：阿秀，在Flash动画中，通常可以看到一些闪烁星星、鼠标跟随等特殊的效果，还有各种利用Flash制作的小游戏，这些是怎么制作的啊？

阿秀：这些需要使用脚本语句来实现。

小白：脚本语句？是ASP、PHP、Java这类的语言吗？

阿秀：不是，是Flash特有的ActionScript语言。当然，如果Flash需要与网站程序进行交互的时候，在网站端就可以使用你说的ASP、PHP等语言。

小白：听说ActionScript很难？

阿秀：当然有一定难度，不过，只需要掌握简单的语法就行了，如果想从事Flash脚本开发则需要深入学习。

小白：嗯，那你今天教我一些简单的ActionScript吧。

学习目标

- 了解ActionScript脚本
- 掌握添加ActionScript脚本的方法
- 掌握常用的场景/帧控制等脚本
- 了解组件的作用和类型

技能目标

- 理解脚本代码，结合OI组件和Video组件制作Flash动画
- 掌握"翻页画册"动画和"用户注册"动画的制作

任务一　制作翻页画册动画

使用Flash特有的ActionScript脚本，可以实现特殊动画效果的制作，如星空夜景、鼠标跟随、燃烧的火焰、好玩的Flash游戏等。本节将学习ActionScript脚本的相关知识，并运用ActionScript脚本实现翻页画册动画的制作。

一、任务目标

本例将使用ActionScript脚本制作翻页画册动画。制作过程包括画册素材的准备、添加ActionScript脚本、测试脚本动画等。通过本例的学习，可以掌握使用ActionScript制作脚本动画的方法。本例制作完成后的最终效果如图7-1所示。

图7-1　制作翻页画册动画

二、相关知识

本例涉及添加ActionScript以及ActionScript相关语法等知识，下面先对这些相关知识作介绍。

（一）ActionScript脚本概述

ActionScript脚本简称AS，是Flash提供的一种动作脚本语言，其强大的交互功能提高了动画与用户之间的交互性，并使得用户对动画元件的控制得到了加强。从Flash CS3版开始，AS脚本语言版本发展到了3.0，它采用全新的虚拟机，与以往的AS版本架构相比有了较大的变化，因此AS 3.0动画不能直接与AS 1和AS 2动画直接通信，所以在创建Flash文档时需要确定使用哪个版本的AS，如图7-2所示。

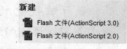

图7-2　新建文档

（二）ActionScript脚本中的术语

AS脚本一般由语句、变量、函数组成，主要涉及变量、函数、表达式和运算符等，下面分别介绍它们的属性与使用方法。

1. 变量

变量在ActionScript中用于临时存储信息，其主要特征是包含的值随特定的条件而改变。变量可以存储数值、逻辑值、对象、字符串以及动画片段等。一个变量由变量名和变量值组成，变量名用于区分变量的不同，变量值用于确定变量的类型和大小。变量名可以是一个单词或几个单词构成的字符串，也可以是一个字母。在Flash CS4中为变量命名时必须遵循以下规则。

- 变量名必须是一个标识符：标识符的第一个字符必须为字母、下划线（_）或美元符号（$）。其后的字符可以是数字、字母、下划线或美元符号。
- 必须唯一：在一个动画中变量名必须唯一。
- 不能是关键字：变量名不能是关键字或ActionScript 文本。如true、false、null或undefined。
- 变量名区分大小写：当变量名中出现一个新单词时，新单词的第一个字母要大写。
- 变量不能是ActionScript语言中的任何元素：例如类名称。

变量分为全局变量和局部变量，其作用域不相同。全局变量是指在代码的所有区域中定义的变量，对整个代码区域都起作用，而局部变量是指仅在代码的某个部分定义的变量，其作用仅限于这段代码区域。全局变量的定义及使用如下。

```
var asVer:String = "3.0";// "asVer" 是在函数外部声明的全局变量
function strTrace()
{
    trace(asVer);
}
trace(asVer);
```

知识补充　　在AS脚本中变量区分大小写，因此在定义及使用变量时一定要保持大小写的一致性。另外，为了脚本的可读性，在AS中可以适当增加注释内容。在AS中可以使用 "//" 进行注释，在 "//" 后输入注释内容即可。

在函数内部声明的局部变量仅在该函数中有效，例如：

```
var asVer:String = "1.0";// "asVer" 是在函数外部声明的全局变量
function strTrace()
{
     trace(asVer);//输出 "1.0"
    var asVer:String ="3.0";// "asVer" 是在函数内部声明的局部变量
    trace(asVer); //输出 "3.0"
}
trace(asVer); //输出 "1.0"
```

2. 数据类型

数据类型描述一个数据片段以及可以对其执行的各种操作。在创建变量、对象实例和函数定义时，应指明数据的类型。在AS 3.0中包括如 "String" 这类简单数据类型，以及 "MovieClip" 这类复杂数据类型，下面分别列举一些常用的数据类型加以说明。

- 简单数据类型 "String"：表示一个字符串。如 "String" 型变量 "asStr" 的定义方

式为：var asVer:String = "1.0";

- 简单数据类型"Numeric"：AS 3.0中，该类型数据包含3种特定的数据类型，分别是Number：任何数值，包括有小数部分或没有小数部分的值；Int：一个整数（不带小数部分的整数）；Uint：一个"无符号"整数，即不能为负数的整数。如"Int"型变量"asInt"的定义方式为：var asInt:Int = 1;
- 简单数据类型"Boolean"：其值包含true或false。如"Boolean"型变量"isOK"的定义方式为：var isOK:Boolean = true;
- 复杂数据类型"MovieClip"：影片剪辑元件。
- 复杂数据类型"TextField"：动态文本字段或输入文本字段。
- 复杂数据类型"SimpleButton"：按钮元件。
- 复杂数据类型"Date"：该数据类型表示单个值，如时间中的某个时刻，包括年、月、日、时、分、秒等几个值，它们都是单独的数字动态文本字段或输入文本字段。

3. ActionScript语句的基本语法

ActionScript语句的基本语法包括点语法、括号和分号、字母的大小写、关键字和注释等，下面分别进行介绍。

- 点语法：在AS脚本中，点运算符（.）用来访问对象的属性和方法。使用点语法，可以使用后跟点运算符和属性名（或方法名）的实例名来引用类的属性或方法。如：var myDot:MyExample=new MyExample();myDot.prop1="Hi";myDot.method1();
- 括号和分号：括号主要包括大括号{}和小括号()。大括号用于将代码分成不同的块，而小括号通常用于放置使用动作时的参数，定义一个函数以及调用该函数时，都需要使用到小括号。分号则用在ActionScript语句的结束处，用来表示该语句的结束。
- 关键字：具有特殊含义且供Action脚本调用的特定单词，被称为"关键字"。在编辑Action脚本时，要注意关键字的编写，如果关键字错误将会使脚本发生混乱，导致对象赋予的动作无法正常运行。

（三）添加ActionScript脚本

在ActionScript 3.0中，只支持在时间轴上输入代码，或将代码输入到外部类文件中。

1. 在时间轴上输入代码

在Flash CS4中，可以在时间轴上的任何帧添加代码，包括主时间轴上的任何帧和任何影片剪辑元件的时间轴中的任何帧。时间轴上添加的代码将在影片播放期间播放头进入该帧时执行。选择【窗口】/【动作】菜单命令或按【F9】键打开"动作"面板，如图7-3所示，在其中可完成代码的输入。

"动作"面板包括3个组成部分：左侧上方的命令列表框中列出了Flash CS4中的所有命令，左侧下方的列表框中列出了当前选中对象的具体信息，如名称、位置等，右侧的编辑框则供用户输入命令的编辑窗口。在"动作"面板的语句编辑窗口中添加或输入语句之后，面板上方的一排按钮会被激活，如图7-4所示。

图7-3 "动作–帧"面板

图7-4 激活按钮

各按钮的功能与含义如下。

● ⊕按钮：单击该按钮可在弹出的下拉菜单中选择需要的ActionScript语句。

● ⊘按钮：单击该按钮可查找指定的字符串并对指定的字符串进行替换。

● ⊕按钮：单击该按钮可在编辑语句时插入一个目标对象的路径。

● ✔按钮：单击该按钮可检查当前语句的语法是否正确，并给出提示。

● ▤按钮：单击该按钮可使当前语句按标准的格式排列。

● ▣按钮：将鼠标指针定位到某一位置后，单击该按钮可显示它所在语句的语法格式和相关的提示信息。

● ▨按钮：单击该按钮可对当前语句进行调试。

● ▥按钮：单击该按钮可将大括号中的语句折叠起来。

● ▤按钮：单击该按钮可将选中的语句折叠起来。

● ▧按钮：单击该按钮可将折叠起来的语句完全展开。

● ▦按钮：单击该按钮可应用块注释，即对多行代码进行注释。

● ＼脚本助手按钮：单击该按钮可开启或关闭"脚本助手"功能。

知识补充　　　对AS比较熟悉的用户，可以直接输入要添加的AS语句命令，对于初学者，可以双击面板左侧命令区域中的语句或单击控制按钮组中的⊕按钮，在弹出的下拉菜单中选择要添加的语句，然后再手动完善语句。

2. 创建单独的ActionScript文件

如果AS代码块比较长，或者需要反复使用该代码块，可以在单独的ActionScript源文件（扩展名为.as）中组织代码。在Flash CS4中，可以采用以下两种方式来创建ActionScript源文件，采用何种方式可视具体情况确定。

● 使用"include"指令：使用ActionScript中的include语句可以访问以此方式编写的ActionScript代码。include指令可在特定位置以及脚本中的指定范围内插入外部ActionScript文件的内容，就像直接在时间轴上输入一样，其语法格式为include "test/shift.as";

- 使用类定义：定义一个ActionScript类，包含它的方法和属性。定义一个类后，可以与任何内置的ActionScript类一样，通过创建该类的一个实例并使用它的属性、方法和事件来访问该类中的ActionScript代码。

（四）处理对象

ActionScript 3.0是一种面向对象（OOP）的编程语言。在面向对象的编程中，程序指令被划分到不同的对象中，构成代码功能块。

1. 属性

属性是对象的基本特性，如影片剪辑元件的位置、大小、透明度等。属性的通用结构如下。

对象名称（变量名）.属性名称；

示例：

mymc.x=100;　　　　//将名为mymc的影片剪辑元件移动到x坐标为100像素的地方

2. 方法

方法是指可以由对象执行的操作。如果在Flash中使用时间轴上的几个关键帧和基本动画制作了一个影片剪辑元件，则可以播放或停止该影片剪辑或者指示它将播放头移到特定的帧。使用方法的通用结构如下。

对象名称（变量名）.方法名()；

示例：

myFilm.play();　　　　//指示名为myFilm的影片剪辑元件开始播放

3. 事件

事件是确定计算机执行哪些指令以及何时执行的机制。如用户单击按钮或按键盘上的键等就称之为事件。

无论编写怎样的事件处理的代码，都会包括事件源、事件和响应3个元素，它们的含义如下。

- 事件源：事件源就是发生事件的对象，也称为"事件目标"。如哪个按钮会被单击，这个按钮就是事件源。
- 事件：事件是将要发生的事情。有时一个对象会触发多个事件，因此对事件的识别非常重要。
- 响应：当事件发生时执行的操作。

编写事件代码时，要遵循以下基本的结构。

function eventResponse(eventObject:EventType):void

{

　　　//响应事件而执行的动作。

}

eventSource.addEventListener(EventType.EVENT_NAME, eventResponse);

在上面的结构中，首先定义了一个函数（函数名为"eventResponse"），并设置了相应的参数（eventObject是函数的参数，EventType是该参数的类型），然后在{}之间输入了事件发生时执行的指令"//响应事件而执行的动作。"（这是占位符，可以根据实际情况进行改变）。

最后调用"addEventListener()"方法，表示当事件发生时，执行该函数的动作。"addEventListener()"方法有两个参数，第一个参数是响应的特定事件的名称，第二个参数是事件响应函数的名称。

例如：

```
this.stop();
function startMovie(event:MouseEvent):void
{
    this.play();
}
startButton.addEventListener(MouseEvent.CLICK,startMovie);
```

上面这段语句表示单击按钮开始播放当前的影片剪辑。其中"startButton"是按钮的实例名称，而this是表示"当前对象"的特殊名称。

4. 创建对象实例

在ActionScript中使用对象之前，必须确保该对象存在。创建对象时需要先声明变量，再为变量赋一个实际的值，整个过程称为对象"实例化"。除了在ActionScript中声明变量时赋值以外，直接在"属性"面板中为对象指定对象实例名也可完成实例化。除Number、String、Boolean、XML、Array、RegExp、Object和Function数据类型外，要创建一个对象实例，都应将new运算符与类名一起使用。例如：

```
var mymc:MovieClip =new MovieClip;//创建一个影片剪辑实例
var myday:Date =new Date(2007,8,22);//创建实例时，在类名后加上小括号
```

（五）运算符

运算符是用于执行计算的特殊符号，它们具有一个或多个操作数并返回相应的值。其中操作数是指被运算符用作输入的值，如字面值、变量或表达式等。这些运算符主要用于数学运算，有时也用于值的比较。例如：

```
var sumNum:uint=5+1*2;    //sumNum=7
```

在上面的代码中，包括加法运算符（+）、乘法运算符（*）和赋值运算符（=），还有3个字面值操作数，通过计算返回一个值7。随后将值7赋给变量sumNumber。

ActionScript 3.0中的运算符被分为主要运算符、后缀运算符、一元运算符、乘法运算符、加法运算符、按位移位运算符、关系运算符、等于运算符、按位逻辑运算符、逻辑运算符、条件运算符、赋值运算符12类运算符。常用运算符及其含义如下。

● 主要运算符：主要运算符包括用来创建Array和Object字面值、对表达式进行

分组、调用函数、实例化类实例以及访问属性的运算符。如（[]）表示初始化数值，f(x)表示调用函数，new表示构造函数等。

● **后缀运算符**：后缀运算符只有一个操作数，它递增或递减该操作数的值。其中只包括两个运算符，（++）表示递增，（--）表示递减。

● **一元运算符**：一元运算符只有一个操作数，所以后缀运算符中的两个运算符也属于一元运算符。除此之外，还有如（!）表示逻辑"非"，（~）表示按位"非"等。

● **乘法运算符**：乘法运算符具有两个操作数，它执行乘、除或求模计算。它包括3个运算符，其中（*）表示乘法，（/）表示除法，（%）表示求模。

● **加法运算符**：加法运算符有两个操作数，它执行加法或减法计算。其中（+）表示加法，（-）表示减法。

● **关系运算符**：关系运算符有两个操作数，它比较两个操作数的值，然后返回true或false。如（<）表示小于，（>）表示大于，（as）表示检查数据类型，（is）表示检查数据类型。

● **按位逻辑运算符**：按位逻辑运算符有两个操作数，它执行位级别的逻辑运算，其中，（&）表示按位"与"，（^）表示按位"异或"，（|）表示按位"或"。

● **条件运算符**：条件运算符是一个3元运算符，需要包括3个操作数。其中只包括一个运算符，即（?:）表示条件运算。

● **按位移位运算符**：按位移位运算符有两个操作数，它将第一个操作数的各位按第二个操作数指定的长度移位。其中（<<）表示按位向左移位，（>>）表示按位向右移位，（>>>）按位无符号向右移位。

● **等于运算符**：等于运算符有两个操作数，它比较两个操作数的值，然后返回true或false。其中（==）表示等于，（!=）表示不等于，（===）表示严格等于，（!==）表示严格不等于。

● **逻辑运算符**：逻辑运算符有两个操作数，它返回true或false。它包括（&&）和（||）两个运算符，前者表示逻辑"与"，后者表示逻辑"或"。

● **赋值运算符**：赋值运算符有两个操作数，它根据一个操作数的值对另一个操作数进行赋值。如（=）表示赋值，（+=）表示加法赋值，（>>=）表示按位向右移位赋值等。

知识补充　在一个表达式中拥有两个或多个运算符时，某些运算符要先于其他的运算符进行计算。ActionScript运算符严格遵守这个优先原则来决定运算符的执行顺序。

（六）函数

函数是执行特定任务并可以在程序中重复使用的代码块。ActionScript 3.0中有方法和函数闭包两类函数。如果将函数定义为类定义的一部分或者将它附加到对象的实例，则该函数称为方法。除此之外，以其他任何方式定义的函数被称为函数闭包。

Flash本身拥有一些函数，编程过程中要使用这些函数时可直接调用。

例如：

trace("创建成功！"); //测试动画时，在"输出"面板中显示"创建成功！"

在ActionScript 3.0中使用函数语句和函数表达式两种方法可以自定义函数。若采用静态或严格模式的编程，则应使用函数语句来定义函数，若采用动态编程或标准模式的编程，则应使用函数表达式定义函数。下面分别讲解这两种方法。

1. 函数语句

函数语句的语法结构及示例如下。

语法结构：

```
function 函数名 (参数)
{
    //函数体，调用函数时要执行的代码
}
```

示例：

```
function strTrace(Param0:String)
{
    trace(Param0);
}
strTrace("hi");          //输出"hi"
```

2. 函数表达式

定义函数即在程序中声明函数，使用函数表达式结合赋值语句，一般使用比较繁杂。它的语法结构及示例如下。

语法结构如下。

```
var 函数名 Function=function(参数)
{
    //函数体，调用函数时要执行的代码
}
```

示例如下。

```
var strTrace:Function=function (Pa:String)
{
    trace(Pa);
}
strTrace("hi"); //输出"hi"
```

3. 从函数中返回值

使用要返回表达式或字面值的return语句，可以从函数中返回值，但return语句会终止该函数，因此不会执行位于return语句后面的任何语句。另外，在严格模式下编程，如果选择了指定返回类型，则必须返回相应类型的值。例如：

```
function doubleNum(singleNum:int):int
{
    return (singleNum+10);   //返回一个表示参数的表达式
}
```

（七）条件语句的使用

条件语句用来决定在特定情况下才执行的某些指令，或针对不同的条件执行具体的动作。ActionScript 3.0提供了3个基本条件语句，下面分别进行介绍。

1. 单if语句

if可以理解为"如果"的意思，即如果条件满足就执行其后的语句，其用法示例如下。

```
if(x>5){trace("输入的数据大于5");}
```

2. if..else语句

if..else语句中"else"可以理解为"另外的"、"否则"的意思，整个if...else语句可以理解为"如果条件成立就执行if后面的语句，否则执行else后面的语句"。if..else语句的用法示例如下。

```
if(x>5)         //x>5是判断条件
{
    trace("x>5");        //如果x>5条件满足，就执行本代码块
}
else
{
    trace("x=5");        //如果x>5条件不满足，就执行本代码块
}
```

3. If..else if语句

使用if..else if条件语句可以连续地测试多个条件，以实现对更多条件的判断。如果要检查一系列的条件为真还是为假，可使用if…else if条件语句。

if..else if语句的用法示例如下。

```
if(x>10)
{
    trace("x>10");
}
else if(x<0)  //再进一步判断
{
    trace("x是负数");
}
```

4. switch条件语句

switch语句对表达式进行求值并使用计算结果来确定要执行的代码块。代码块以case语句开头，以break语句结尾（用于跳出代码块）。

switch语句的用法示例如下。

```
var someDate:Date = new Date();
var dayNum:uint = someDate.getDay();
switch(dayNum)
{
case 0:
    trace("Sunday");
    break;
case 1:
    trace("Monday");
    break;
case 2:
    trace("Tuesday");
    break;
default:
    trace("Sunday");
    break;
}
```

知识补充

switch的case代码块中必须以break结尾，执行到该语句时才会跳出switch，否则无法跳出。另外，允许存在多个case，其中default表示在不满足上面的所有case条件时执行的代码块。

（八）使用循环语句

使用循环语句可重复执行某条语句或某段程序，也可以按照指定的次数或者在满足特定的条件时重复一个动作，循环语句是Flash中最重要的基本语句之一，其中较为常用的循环语句包括for语句、for..in语句、for each..in语句、while语句和do while语句，下面分别介绍。

1. for语句

for循环用于循环访问某个变量以获得特定范围的值。在for语句中必须提供3个表达式，分别是设置了初始值的变量、用于确定循环何时结束的条件语句，以及在每次循环中都更改变量值的表达式。

使用for语句创建循环的用法示例如下。

//以下代码循环10次，输出0至9共10个数字，每个数字各占一行。

```
for (var i:int= 0; i < 10; i++)
{
    trace(i); //输出i的值
}
```

2. for..in循环语句

for..in循环用于循环访问对象属性或数组元素。

for..in语句的用法示例如下。

```
var yourObj:Object = {x:10, y:80};    //定义了两个对象属性
for (var i:String in yourObj)
{
    trace(i + ":" + yourObj[i]);
}
//输出结果如下：
//x:10
//y:80
```

3. for each..in循环语句

for each..in循环用于访问集合中的项目，它可以是XML或XML List对象中的标签、对象属性保存的值或数组元素。for each..in语句的用法示例如下。

```
var myObj:Object = {x:60, y:20};
for each (var num in myObj)
{
    trace(num);
}
//输出结果如下：
//60
//20
```

4. while循环语句

while循环语句可重复执行某条语句或某段程序，使用while语句时，系统会先计算表达式的值，如果值为true，就执行循环代码块，在执行完循环的每一个语句之后，while语句会再次对该表达式进行计算，当表达式的值仍为true时，会再次执行循环体中的语句，直到表达式的值为false。

while语句的用法示例如下。

```
var i:int = 0;
while (i < 10)
{
    trace(i);
```

```
    i++;
}
```

5. do while 语句

do while语句与while语句类似，使用do while语句可以创建与while语句相同的循环，但do while语句在其循环结束处会对表达式进行判断，因而使用do while语句至少会执行一次循环。

do While语句的用法示例如下。

```
//即使条件不满足，该例也会生成输出结果：10
var i:int =10;
do
{
    trace(i);
    i++;
}while (i <10);
```

一个类简单地说就是指一个对象的类型，通常一个类与属性(数据或信息)和行为(动作，或是它可以做的事情)这两项内容相关。属性本质上是存放与类相关的信息的变量，行为相当于是函数，而当一个函数是一个类的一部分时，则通常称它为一个方法。

1. 类和包

类就是模板，而包（package）的作用是组织类，即把相关的类组成一个组。

● 类（class）：类定义语法中要求class关键字后跟类名，类体要放在大括号{}内，且放在类名后面。例如：

```
public class MyClass
{
        var visible:Boolean=false;
}
//创建了一个名为MyClass的类，其中包含名为visible的变量
```

● 包（package）：包是根据目录的位置以及所嵌套的层级来构造的。包中的每一个名称对应一个真实的目录名称，这些名称通过点符号"."进行分隔。如有一个名为MyClass的类，它在"com/friend/making/"目录中。在ActionScript 3.0中，包部分代码用来声明包，类部分代码用来声明类，例如：

```
package com.friend.making{
public class MyClass
{
public var myNum:Number=888;
public function myMethod()
```

```
    {
        trace( "out" );
    } //end myMethod
} //end class MyClass
} //end package
```

2. 编写类

类就是模板，而包（package）的作用是组织类，即把相关的类组成一个组。

● 使用include指令包括外部类：在AS 3.0中可以使用include指令来导入代码。其调用
   方法是：include "class.as"；// "class.as" 为编写的外部as文件类。
● 元件类：元件类指为Flash动画中的元件指定一个链接类名，如图7-5所示
   为添加元件类的操作示意图

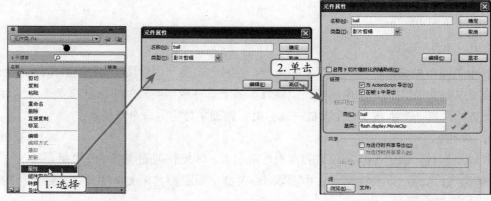

图7-5　创建元件类

● 动态类：一些比较复杂的程序由主类和多个辅助类组成，其中主类用来显示和集成各
   部分功能，辅助类封装分割开的功能。添加动态类的操作示意如图7-6所示。

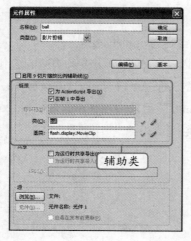

图7-6　创建动态类

3. 构造函数

在类中可以设置一个构造函数，它的创建与类名的创建相同，只要使用new关键字创建了类实例，就会执行构造函数方法中包括的所有代码。定义构造函数示例如下。

```
//定义MyClass类，其中包含名为status的属性，其初始值在构造函数中设置
class MyClass
{
public var:String;
public function Example()
{
status="initialized";
}
}
var myExample:MyClass=new Example();
trace(myExample.status);        //输出：已初始化
```

知识补充　　构造函数方法只能是公共方法，但可以选择性地使用public属性，不能对构造函数使用任何其他访问控制说明符（包括使用private、protected或internal），也不能对函数构造方法使用用户定义的命名空间。

4. 继承

类可以继承自身或扩展另一个类，因此它可以获取另外一个类所具有的所有属性和方法（除非属性或是方法被标记为私有（private））。子类（正在继承的类）可以增加额外的属性和方法，或者是改变父级类（被扩展的类）中的一些内容。

（十）播放控制语句

播放控制是指对电影的运动状态进行控制，如play（播放）、stop（停止）等函数，其控制作用可以用于电影中的所有对象，是Flash互动影片中最常见的命令。

1. play（播放）

Play语句的作用是使停止播放的动画继续进行播放，通常用于控制影片剪辑元件。

播放 play语句的语法格式为：

```
play();
```

2. stop（停止）

使用Play语句播放动画后，动画将一直播放，不会停止，如果需要动画停止则需要在相应的帧或按钮中添加stop语句。stop语句的作用是停止当前正在播放的动画文件，通常用于控制影片剪辑元件。

停止语句stop的语法格式为：

```
stop();
```

3. 跳转并播放语句gotoAndPlay

gotoAndPlay语句的作用是当播放到某帧或单击某按钮时，跳转到场景中指定的帧并从该帧开始播放。如果未指定场景，则跳转到当前场景中的指定帧。

gotoAndPlay语句的语法格式如下。

gotoAndPlay();　　　//跳转到指定的帧

gotoAndPlay(场景,帧);　　　　//跳转到指定场景的某一帧

4. 跳转并停止语句gotoAndStop

gotoAndStop语句的作用是当播放到某帧或单击某按钮时，跳转到场景中指定的帧并停止播放。如果未指定场景，则跳转到当前场景中的帧。

gotoAndStop语句的语法格式如下。

gotoAndStop();　　　//跳转到指定的帧

gotoAndStop(场景,帧);　　　　//跳转到指定场景的某一帧

5. 跳转到上一帧prevFrame

将播放指针跳转到当前帧的上一帧。

prevFrame语句的语法格式如下。

prevFrame();

6. 跳转到下一帧nextFrame

将播放指针跳转到当前帧的下一帧。

nextFrame语句的语法格式如下。

nextFrame();

7. 跳转到上一场景prevScene

将播放指针跳转到上一个场景的第1帧。

prevScene语句的语法格式如下。

prevScene();

8. 跳转到下一场景nextScene

将播放指针跳转到下一个场景的第1帧。

nextScene语句的语法格式如下。

nextScene();

三、任务实施

（一）制作翻页动画

首先制作翻页动画，主要采用传统补间动画技术实现，其具体操作如下。

STEP 1　启动Flash CS4程序后，打开素材文件"翻页相册.fla"（素材参见：光盘:\素材文件\项目七\任务一\翻页画册.fla）。

STEP 2　在"图层1"第30帧插入关键帧，将"库"面板中的"6"影片剪辑元件拖入到场景中如图7-7所示位置，再复制并粘贴到该影片剪辑元件实例的右侧，显示标尺后添加辅

助线，最后将左侧的图像进行水平翻转（选择【修改】/【变形】/【水平翻转】菜单命令），并在"属性"面板的"样式"下拉列表框中选择"亮度"选项，并设置值为60。

STEP 3 复制右侧的图像，新建图层"图层2"，按【Ctrl+Shift+V】组合键原位置进行粘贴，再选择任意变形工具，调整中心点位置到左侧中部，如图7-8所示。

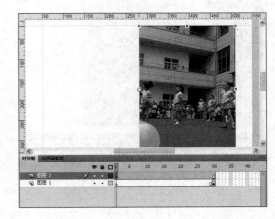

图 7-7 设置"图层 1"第 30 帧

图 7-8 设置"图层 2"第 1 帧

STEP 4 在第15帧插入关键帧，放大场景显示至2000%，再选择任意变形工具，选择影片剪辑元件实例右侧中间的控制柄向左拖动以缩小影片剪辑元件实例的宽度值，并保证缩小后的宽度值尽量小，再将其调整为平行四边形形状，如图7-9所示。

STEP 5 复制第15帧，选择第16帧并粘贴帧，选择【修改】/【变形】/【水平翻转】菜单命令进行水平翻转，如图7-10所示。

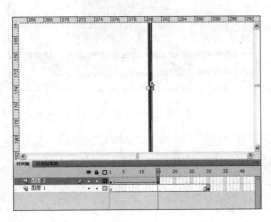

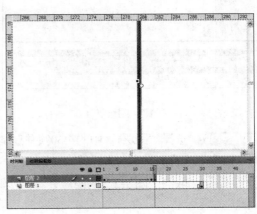

图 7-9 设置"图层 2"第 15 帧

图 7-10 设置"图层 2"第 16 帧

STEP 6 在"图层2"中的第30帧处插入空白关键帧，复制"图层1"中的第30帧，选择"图层2"中的第30帧，再粘贴帧，然后选择任意变形工具，调整中心点位置至右侧中部，最后创建传统补间动画，如图7-11所示。

STEP 7 选择"图层2"中的第1~30帧，复制帧，再选择"图层2"中的第31帧并粘贴帧，如图7-12所示。

STEP 8 选择"图层2"中的第31帧，选择舞台中的影片剪辑元件实例，单击鼠标右键，在弹出的快捷菜单中选择"交换元件"菜单命令，在打开的"交换元件"对话框中选择"5"影片剪辑元件，再单击 [确定] 按钮，如图7-13所示。

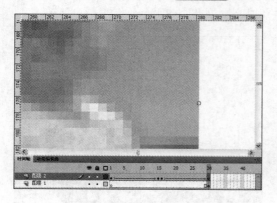

图 7-11　设置"图层 2"第 30 帧　　　　　　图 7-12　复制粘贴帧

STEP 9 使用相同的方法，分别选择"图层2"中的第45帧、第46帧及第60帧，并交换元件为"5"影片剪辑元件，如图7-14所示。

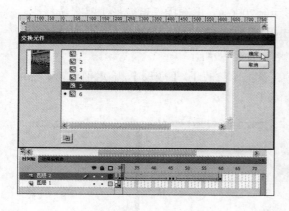

图 7-13　交换元件　　　　　　图 7-14　交换第 45 帧、46 帧及 60 帧

STEP 10 选择"图层1"中的第30帧并复制，再选择"图层1"中的第60帧并粘贴帧，再隐藏"图层2"，选择舞台中的影片剪辑元件实例，将其交换为影片剪辑元件"5"，如图7-15所示。

STEP 11 取消"图层2"的隐藏，参照步骤7-步骤10的方法，完成其他翻页效果的制作，如图7-16所示。

知识补充　复制粘贴"图层2"中的帧后，需要先取消"图层2"的隐藏状态，再在舞台中进行元件交换操作。在进行"图层1"的复制粘贴操作时，需要先隐藏"图层2"，再在舞台中进行元件交换操作。

STEP 12 新建"图层3"，并将"图层3"调整到"图层1"下方，复制"图层2"的第1帧，选择"图层3"的第1帧并粘贴帧，并取消补间动画，再隐藏"图层1"及"图层2"，选择舞台中的影片剪辑元件实例，并交换元件为"5"影片剪辑元件，如图7-17所示。

图7-15　交换元件

图7-16　交换第45帧、46帧及60帧元件

STEP 13 选择"图层3"的第1帧并复制帧，选择"图层3"的第30帧并粘贴帧，再选择舞台中的影片剪辑元件实例，交换元件名为"4"的影片剪辑元件，如图7-18所示。

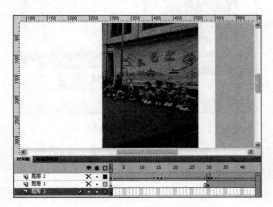

图7-17　复制粘贴帧并交换元件

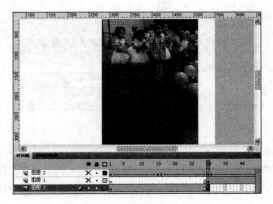

图7-18　复制粘贴帧并交换元件

STEP 14 复制"图层 3"的第30帧并在第60、90、120帧处粘贴帧，再分别选择各粘贴帧中的影片剪辑元件实例，并分别交换元件为"3"、"2"、"1"，再在"图层3"的第150帧处插入帧，如图7-19所示。

STEP 15 取消"图层2"和"图层1"的隐藏，如图7-20所示，完成翻页动画的制作。

图7-19　复制粘贴帧并交换元件

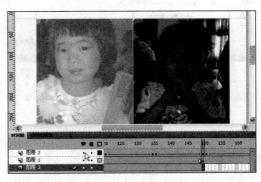

图7-20　取消图层隐藏

（二）添加AS语句

下面为动画添加AS语句，实现单击按钮的控制效果，其具体操作如下。

STEP 1 选择"图层2"，新建图层"图层4"并重命名为"AS"，选择"AS"图层的第1帧，选择【窗口】/【动作】菜单命令打开"动作－帧"面板，在其中添加"stop();"语句，使动画开始时停止播放，如图7-21所示。

STEP 2 复制"AS"图层的第1帧，并分别在第30、60、90、150、180帧处进行粘贴，如图7-22所示。

图7-21 添加"stop();"语句　　　　　　　　图7-22 复制粘贴帧

STEP 3 新建图层并重命名为"按钮"，在工具箱中选择基本矩形工具，在舞台左下角绘制一个矩形，然后拖动控制柄调整为圆角矩形，如图7-23所示。

STEP 4 选择圆角矩形，将其转换为影片剪辑元件"btn_go"，如图7-24所示。

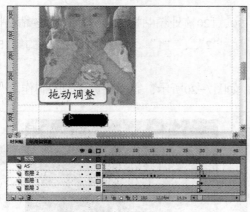

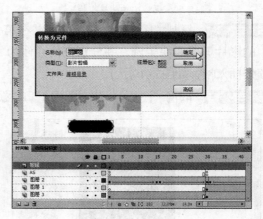

图7-23 绘制圆角矩形　　　　　　　　图7-24 转换为元件

STEP 5 双击进入影片剪辑元件编辑器，新建图层并输入文本"下一页"然后设置文本属性，如图7-23所示。

STEP 6 选择舞台中的圆角按钮及文本，将其转换为影片剪辑元件"btn_back"，再按

【Ctrl+B】组合键将其打散，如图7-26所示。

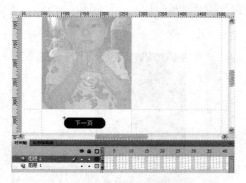

图7-25 编辑影片剪辑元件

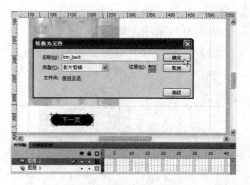

图7-26 转换为影片剪辑元件

STEP 7 返回主场景，选择"按钮"图层第1帧，选择左侧的"btn_go"影片剪辑元件实例，打开"属性"面板，在"<实例名称>"文本框中输入"btn_go"，再单击 ⊘ 按钮打开"动作－帧"面板，如图7-27所示。

STEP 8 选择"按钮"图层第1帧，在"动作－帧"面板中输入如下的代码，如图7-28所示。

```
btn_go.addEventListener(MouseEvent.CLICK,btn_go_onclk)
function btn_go_onclk(evt){
        play();
}
```

图 7-27 输入实例名称

图 7-28 输入 AS 代码

STEP 9 保存文档，并按【Ctrl+Enter】组合键测试动画，单击"下一页"按钮，将播放动画。仔细观察动画，发现翻页动画有问题，停止动画变成了下一组动画的图像，使单击"下一页"按钮时图像出现跳动的情况。选择"图层2"第31帧舞台中的影片剪辑元件实例进行复制，再选择"图层 1"，新建图层并重命名为"右"，选择"右"图层的第30帧，按

【Ctrl+Shift+V】组合键进行原位置粘贴，再在第31帧处插入空白关键帧，如图7-29所示。

STEP 10 复制"右"图层的第30、31帧，再选择第60、90、120、150帧进行粘贴，再选择第181~184帧将其删除，如图7-30所示。

图7-29　复制粘贴元件实例

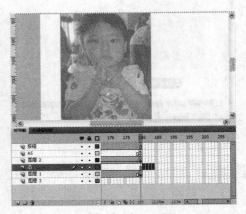

图7-30　复制粘贴帧

STEP 11 分别选择第60、90、120、150帧中的影片剪辑元件实例并分别交换为"4"、"3"、"2"、"1"的影片剪辑元件实例，如图7-31所示。

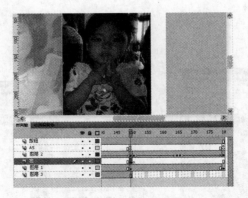

图7-31　交换元件实例

STEP 12 保存文档，按【Ctrl+Enter】键测试动画（最终效果参见：光盘:\效果文件\项目七\任务一\翻页画册.fla）。

任务二　制作用户注册动画

Flash CS4中可以使用组件实现网页表单类的功能，配合网页编程语言(如ASP、PHP、JSP、JAVA等)，可实现与用户的交互操作。本节将使用组件功能制作用户注册表单动画。

一、任务目标

本例将练习制作用户注册动画，制作时主要涉及创建组件并设置属性等知识。通过本例的学习，可以掌握利用组件制作动画的方法。本例制作完成后的最终效果如图7-32所示。

图7-32　制作用户注册动画

行业提示

纯Flash网站能实现非常酷的视觉效果及强大的交互能力，但比起传统网页，其制作难度高，且需要加载的文件多且大，因此打开纯Flash网站时普遍比较慢，从而影响用户的使用体验。因此除非特殊原因，一般建议使用普通网页制作网站，但对于视觉效果要求比较强的网站，如艺术类网站、房地产、企业形象网页等，则可以选择性地使用纯Flash网站制作，并注意对Flash网站的优化，以保证能尽快完成Flash动画的加载，改善用户体验。

二、相关知识

本例制作过程中主要涉及组件的创建及属性的设置等知识，下面分别介绍其相关知识。

（一）组件的作用及类型

利用Flash CS4中不同类型的组件，可以制作出简单的用户界面控件，也可以制作出包含多项功能的交互页面，从而实现与用户交互的功能。

在Flash CS4中提供了很多可实现各种交互功能的组件，根据其功能和应用范围，主要将其分为User Interface组件（以下简称UI组件）和Video组件两大类。

● User Interface组件：User Interface组件主要用于设置用户交互界面，并通过交互界面使用户与应用程序进行交互操作。在Flash CS4中，大多数交互操作都通过这类组件实现。在UI组件中，主要包括Button、CheckBox、ColorPicker、ComboBox和TextArea等组件，如图7-33所示。

● Video组件：Video组件主要用于对动画中的视频播放器和视频流进行交互。其中主要包括FLVPlayback、FLVPlaybackCaptioning、BackButton、PlayButton、SeekBar、PlayPauseButton以及VolumeBar、FullScreenButton等交互组件，如图7-34所示。

图7-33　User Interface组件

图7-34　Video组件

（二）添加组件及设置属性

要在舞台中添加组件，可选择【窗口】/【组件】菜单命令，打开"组件"面板，将需要添加的组件从"组件"面板中拖入到舞台中合适位置后释放鼠标，完成组件的添加，如图7-35所示。

如果要对组件进行属性设置，则在选择组件后，选择【窗口】/【组件检查器】菜单命令，打开"组件检查器"面板，在其中设置相应的参数值，如图7-36所示。

图7-35　添加组件

图7-36　设置属性

如果要真正地实现交互，还需要为组件添加相应的AS代码。在添加代码前，需要为组件命名，选择组件，在"属性"面板的"<实例名称>"文本框中输入实例名称，在AS中可根据这个名称对组件进行引用。

（三）常用组件

在Flash CS4的组件类型中，Video组件通常只在涉及视频交互控制时才会应用，而除此之外的大部分交互操作都通过UI组件来实现，因而在制作交互动画方面，UI组件是应用最广，也是最常用的组件类型，下面分别对常用的一些组件进行介绍。

1. CheckBox组件

CheckBox组件（复选框组件）☑ CheckBox 主要用于设置一系列可选择的项目，并可同时选取多个项目，以此对指定对象的多个数值进行获取或设置。选择要创建的CheckBox组件，在"组件检查器"面板中按照如图7-37所示设置相应的属性值，其中各属性值的含义如下。

- enabled：用于设置CheckBox组件是否可用，其中"true"值表示可用，"flase"值表示不可用，不可用时将以灰色显示。
- label：用于设置CheckBox组件显示的内容。其默认值为Label。
- selected：用于确定CheckBox组件的

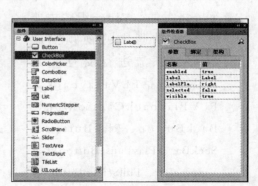

图7-37　设置属性值

初始状态，其中"true"值表示默认选中，"flase"值表示默认未选中。

● lablePlacement：用于确定CheckBox组件上标签文本的方向，包括left、right、top和bottom这4个选项。其默认值为right。

● visible：用于确定CheckBox组件是否在动画界面中显示，其中"true"值表示显示，"flase"值表示不显示。

2. RadioButton组件

RadioButton组件（单选项） RadioButton 主要用于设置一系列可选择项目，并通过选择其中的某一个项目获取所需的数值。

选择创建的RadioButton组件，在"组件检查器"面板中为其设置相应的属性值，如图7-38所示，其中各属性值大部分与CheckBox组件的相应属性相同，下面介绍其不同属性的含义。

● group Name：用于指定RadioButton组件所属的项目组，项目组由与该参数相同的所有RadioButton组件组成，在同一项目组中只能选择一个RadioButton组件，并返回该组件的值。

● value：用于设置RadioButton的对应值。其默认值是null。

图7-38 设置属性值

3. ComboBox组件

ComboBox组件（下拉列表框） ComboBox 的作用与对话框中的下拉列表框类似，通过单击ComboBox组件中的下拉按钮，可打开下拉列表并显示相应的选项，通过选择选项获取所需的数值。

选择创建的ComboBox组件，在"组件检查器"面板中为其设置相应的属性值，如图7-39所示，其中各属性值大部分与CheckBox组件相应属性相同，下面介绍其不同属性的含义。

● dataProvider：用于设置相应的数据，并将其与ComboBox组件中的项目相关联。

● prompt：用于设置ComboBox组件的项目名称。

● rowCount：用于确定不使用滚动条时，下拉列表中最多可以显示的项目数量，默认值为5。

● editable：用于确定是否允许用户在下拉列表框中输入文本。选择"true"允许，选择"false"则不允许，默认值为false。

图7-39 设置属性值

4. Button组件

Button组件（按钮组件） Button 主要用于激活其关联的所有鼠标和键盘交互事件。

选择创建的Button组件，在"组件检查器"面板中为其设置相应的属性值，如图7-40所示，其中各属性值大部分与前面所讲组件的相应属性相同，下面介绍其不同属性的含义。

图7-40 设置属性值

- **emphasized**：用于指定当按钮处于弹起状态时，Button组件周围是否显示边框。若值为true表示当按钮处于弹起状态时，在Button组件四周显示边框；若值为false则表示不显示边框。其默认值为false。

- **toggle**：用于确定是否将Button组件转变为切换开关。若要让Button组件按下后马上弹起，则选择false选项；若要让Button组件在按下后保持按下状态，直到再次按下时才返回到弹起状态，则选择true。其默认值为false。

5. List组件

List组件（列表组件）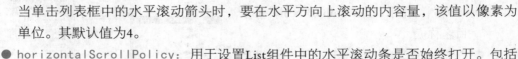 List 主要用于创建一个可滚动的单选或多选列表框，并通过选择列表框中显示的图形或其他组件获取所需的数值。

选择创建的List组件，在"组件检查器"面板中为其设置相应的属性值，如图7-41所示，其中各属性值大部分与前面所讲组件相应属性相同，下面介绍其不同属性的含义。

- **allowMultipleSelection**：用于指定List组件是否可以同时选择多个选项。如果值为true，则可以通过按住【Shift】键来选择多个选项。其默认值为false。

- **dataProvider**：用于设置相应的数据，并将其与List组件中的选项相关联。

- **horizontalLineScrollSize**：用于设置 图7-41 设置属性值

当单击列表框中的水平滚动箭头时，要在水平方向上滚动的内容量，该值以像素为单位。其默认值为4。

- **horizontalScrollPolicy**：用于设置List组件中的水平滚动条是否始终打开。包括on、off和auto3个选项，其默认值为auto。

- **horizontalPageScrollSize**：用于设置按滚动条轨道时，水平滚动条上滚动滑块要移动的像素数。当值为0时，该属性检索组件的可用宽度，其默认值为0。

- **verticalPageScrollSize**：用于设置按滚动条轨道时，垂直滚动条上滚动滑块要移动的像素数。当值为0时，该属性检索组件的可用宽度，其默认值为0。

- **verticalLineScrollSize**：用于设置当单击列表框中的垂直滚动箭头时，要在垂直方向上滚动的内容量，该值以像素为单位，其默认值为4。

- verticalScrollPolicy：用于设置List组件中的垂直滚动条是否始终打开。包括on、off和auto3个选项，其默认值为auto。

6. TextArea组件

TextArea组件（文本域组件）▤ TextArea主要用于显示或获取动画中所需的文本。在交互动画中需要显示或获取多行文本字段的任何地方，都可使用TextArea组件来实现。

选择创建的List组件，在"组件检查器"面板中为其设置相应的属性值，如图7-42所示，其中各属性值大部分与前面所讲组件相应属性相同，下面介绍其不同属性的含义。

图7-42　设置属性值

- condenseWhite：用于设置是否从包含HTML文本的TextArea组件中删除多余的空白。在Flash CS4中，空格和换行符都属于组件中的多余空白。当值为true时表示删除多余的空白；值为false 表示不删除多余空白，其默认值为false。

- horizontalScrollPolicy：用于设置TextArea组件中的水平滚动条是否始终打开。包括on、off和auto3个选项，其默认值为auto。

- htmlText：用于设置或获取TextArea组件中文本字段所含字符串的HTML表示形式，其默认值为空。

- maxChars：用于设置用户可以在TextArea组件中输入的最大字符数。

- restrict：用于设置TextArea组件可从用户处接受的字符串。如果此属性的值为null，则TextArea组件会接受所有字符。如果此属性值设置为空字符串(""），则TextInupt组件不接受任何字符，其默认值为null。

- text：用于获取或设置TextArea组件中的字符串，其中也包含当前TextInput组件中的文本。此属性包含无格式文本，不包含HTML标签。若要检索格式为HTML的文本，应使用 htmlText属性。

- verticalScrollPolicy：用于设置TextArea组件中的垂直滚动条是否始终打开。包括on、off和auto这3个选项，其默认值为auto。

- wordWrap：用于设置文本是否在行末换行。若值为true，表示文本在行末换行；若值为false则表示文本不换行，其默认值为true。

7. TextInupt组件

TextInupt组件（文本域组件）▥ TextInput 主要用于显示或获取动画中所需的文本。与TextArea组件不同的是，TextInupt组件只用于显示或获取交互动画中的单行文本字段。

选择创建的TextInupt组件，在"组件检查器"面板中为其设置相应的属性值，如图7-43所示，其中各属性值大部分与前面所讲组件相应属性相同，下面介绍其不同属性的含义。

● restrict：用于设置TextInupt组件可从用户处接受的字符串。需注意的是未包含在本字符串中的，但以编程方式输入的字符也会被TextInupt组件所接受。如果此属性的值为null，则TextInupt组件会接受所有字符；若将值设置为空字符串（""），则不接受任何字符。其默认值为null。

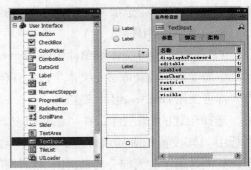

图7-43　设置属性值

● text：用于获取或设置TextInupt组件中的字符串。此属性包含无格式文本，不包含HTML标签。若要检索格式为HTML的文本，应使用TextArea组件的htmlText属性。

三、任务实施

（一）绘制用户注册表单界面

制作本动画时，需要先绘制一个表单界面，以美化界面效果，其具体操作如下。

STEP 1　新建Flash文档并保存为"用户注册.fla"。

STEP 2　显示标尺并添加辅助线，对整个用户注册表单界面布局进行规划，如图7-44所示。

STEP 3　选择基本矩形工具，设置笔触颜色为"#666666"，填充颜色选择"线性渐变"，颜色值为"#35A6C1"、"#64A5B5"及"#FFFFFF"，其各颜色的位置分布为，再在舞台上部绘制矩形，并调整为圆角矩形，再调整渐变颜色的方向，如图7-45所示。

图7-44　添加辅助线

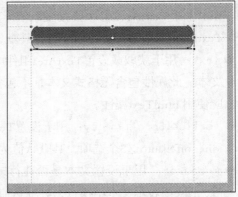

图7-45　绘制圆角矩形

操作提示

　　　　在将基本矩形工具绘制的矩形调整为圆角矩形时，可按【Ctrl+;】组合键隐藏辅助线，再进行调整。调整完成后再按【Ctrl+;】组合键显示辅助线，以便绘制下部的矩形。

STEP 4 按【Ctrl+B】组合键将圆角矩形打散，再选择选择工具并框选圆角矩形下部，按【Delete】键将其删除，如图7-46所示。

STEP 5 选择矩形工具，设置填充颜色为"纯色"、"#CEDBD9"，在舞台下部绘制矩形，如图7-47所示。

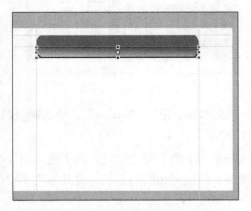

图7-46 删除多余图形

图7-47 绘制矩形

STEP 6 按【Ctrl+;】组合键隐藏辅助线，再选择文本工具，输入文本"新用户注册"并设置文本属性，如图7-48所示。

STEP 7 锁定"图层1"再新建图层"图层2"，选择文本工具，在舞台中分别输入如图7-49所示的文本，然后锁定"图层2"。

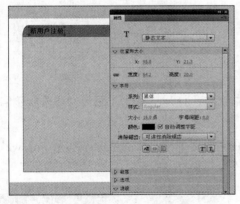

图7-48 输入文本

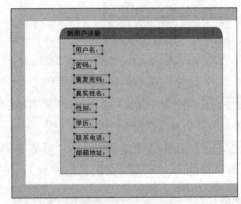

图7-49 输入文本

（二）添加组件并设置属性

接下来添加组件并对各组件进行属性设置，其具体操作如下。

STEP 1 选择"图层2"，新建图层并重命名为"组件"，添加一条辅助线以方便各组件进行左侧对齐，然后选择【窗口】/【组件】菜单命令打开"组件"面板，将鼠标指针移动到 TextInput 组件上，按住鼠标左键不放将其拖动到如图7-50所示的位置。

STEP 2 选择【窗口】/【组件检查器】菜单命令打开"组件检查器"面板，保持添加的"TextInput"组件的选中状态，在"组件检查器"面板中进行如图7-51所示的设置。

图7-50 创建补间动画

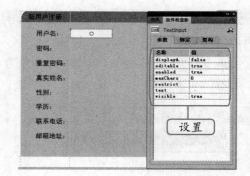

图7-51 创建3D补间

STEP 3 打开"属性"面板，在"<实例名称>"文本框中输入"uname"，单击 按钮解除比例锁定，然后修改宽度值为"166"，如图7-52所示。

STEP 4 选择"uname"文件域组件，按住【Alt+Shift】组合键的同时，向下拖动组件至"密码"文本右侧并释放鼠标，完成组件的复制操作，再使用相同的方法完成其他两个组件的复制操作，如图7-53所示。

图7-52 设置实例名称及宽度值

图7-53 复制组件

STEP 5 保持"真实姓名"右侧文本域的选中状态，打开"属性"面板，修改实例名称为"tname"，如图7-54所示。

STEP 6 使用相同的方法，将"重复密码"右侧的文本域的实例名称修改为"upsw2"，"密码"右侧的文本域的实例名称修改为"upsw"，如图7-55所示。

图7-54 修改实例名称

图7-55 修改实例名称

操作提示 每个组件的实例名称都应不同，以便能在AS代码确定其唯一性。对于具有相同属性，如同属于文本域的组件，可通过设置好一个文本域，然后复制再修改不同属性部分的值，从而快速创建。

STEP 7 打开"组件"面板，将单选项 RadioButton组件拖入到舞台中的"性别"文本右侧，如图7-56所示。

STEP 8 打开"组件检查器"面板，设置"groupName"值为"sex"，"label"值为"男"，"value"值为"1"，如图7-57所示。

图7-56　添加组件

图7-57　设置组件属性

STEP 9 打开"属性"面板，设置实例名称为"man"，如图7-58所示。

STEP 10 复制"man"单选项组件，并在"属性"面板中修改实例名称为"woman"，再在"组件检查器"面板中修改"label"值为"女"，"value"值为"2"，如图7-59所示。

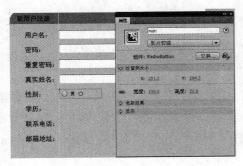

图7-58　复制组件

图7-59　修改属性

STEP 11 在"组件"面板中将下拉列表框组件 ComboBox 拖动到"学历"文本右侧，再修改实例名称为"xueli"，再在"组件检查器"面板中双击"dataProvider"右侧的"[]"，打开"值"面板，如图7-60所示。

STEP 12 单击面板左上角的 ➕ 按钮，并修改添加的"label"值为"高中"，"data"值为"高中"，如图7-61所示。

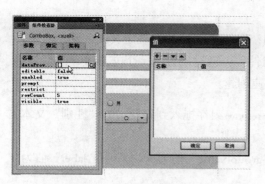

图7-60 打开"值"面板

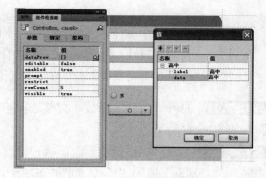

图7-61 添加并修改属性值

STEP 13 参照步骤12的方法，完成其他属性的添加与修改，如图7-62所示，完成后单击 确定 按钮关闭对话框。

STEP 14 按住【Alt+Shift】组合键的同时，拖动"真实姓名"文本右侧的文本域组件至"联系电话"文本右侧复制组件，再使用相同的方法，在"邮箱地址"文本右侧复制组件，如图7-63所示。

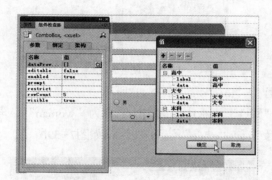

图7-62 添加其他值

图7-63 复制组件

STEP 15 参照前面的方法，修改"邮箱地址"右侧的文本域组件实例名称为"email"，"联系电话"右侧的文本域组件实例名称为"tel"。

STEP 16 打开"组件"面板，将标签组件 **T** Label 拖曳至舞台底部左侧，双击组件后输入文本"提示：请填写以上信息"，再在"属性"面板中设置实例名称为"ts"，在"文本类型"下拉列表框中选择"动态文本"选项，设置"系列"为"黑体"、"大小"为"14.0点"、"颜色"为"红色"，如图7-64所示。

STEP 17 打开"组件"面板，将按钮组件 ☐ Button 拖曳至舞台右下角如图7-65所示位置，并修改"label"值为"提 交"。

STEP 18 打开"属性"面板，输入实例名称为"submit"，单击 ▧ 按钮取消比例缩放绑定，再输入宽度值为"60"，如图7-66所示。

操作提示

在复制组件前，可先设置好组件的样式及参数，然后复制粘贴组件。新粘贴的组件只需要修改不同的参数、实例名称等信息即可。

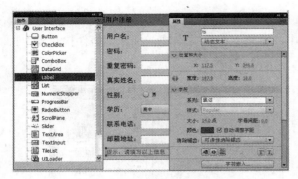

图7-64　添加并修改属性值

图7-65　添加并修改属性值

STEP 19　配合【Alt+Shift】组合键复制按钮组件"提 交",并修改实例名称为"reset",在"组件检查器"中修改"label"值为"重 置",如图7-67所示。

图7-66　设置实例名称及宽度

图7-67　添加并修改属性值

STEP 20　新建图层并重命名为"as",打开"动作－帧"面板,为"submit"按钮组件添加如图7-68所示代码。

STEP 21　继续在"动作－帧"面板中为"reset"按钮组件添加如图7-69所示代码。

图7-68　添加代码

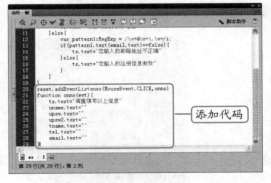

图7-69　添加代码

STEP 22　保存文档,按【Ctrl+Enter】组合键测试播放效果,在"密码:"文本框中输入密码时,发现密码未采用"*"号的方式显示,而是直接显示密码原文,显示该组件的属性设置有误,如图7-70所示。

STEP 23 关闭测试窗口，在Flash中选中"密码"文本域，打开"组件检查器"面板，修改"displayAsPassword"值为"true"，选中"重复密码"文本域，打开"组件检查器"面板，修改"displayAsPassword"值为"true"，如图7-71所示。

图7-70 测试效果   图7-71 修改属性

STEP 24 保存文档，按【Ctrl+Enter】组合键测试播放效果，输入内容后单击 提交 按钮，显示"您输入的注册信息有效"，如图7-72所示。

图7-72 测试效果

STEP 25 单击 重置 按钮清除所有输入的数据，再直接单击 提交 按钮，显示"请输入注册的用户名"，如图7-73所示。

图7-73 测试效果

STEP 26 参照上面的方法，根据AS代码的设置，进行其他项目的测试，如两次密码输入不同、未输入真实姓名、未输入联系电话、输入错误的邮箱地址等，如果测试效果与AS代码设置效果一致，则表示AS代码设置完全正确，可以保存文档并进行发布，如果测试效果与AS所设置的效果不一致，则需要对AS代码及组件属性等进行检查并修改，直至完全符合要求（最终效果参见：光盘:\效果文件\项目七\任务二\用户注册.fla）。

实训一　制作电子台历动画

【实训要求】

本实训要求制作电子台历动画，即实时显示时间的电子时钟。

【实训思路】

制作本动画时，首先需要制作电子台历背景，然后输入并设置台历中的时间、年月日等动态文本，最后添加脚本语句，实现实时显示时间的效果。本实训的参考效果如图7-74所示。

图7-74　制作电子台历动画

【步骤提示】

STEP 1 打开素材文件"电子台历.fla"（素材参见：光盘:\素材文件\项目七\实训一\电子台历.fla）。

STEP 2 选择矩形工具在台历右下角绘制一个矩形背景，再选择文本工具，设置各静态及动态文本，并设置相应的外观。

STEP 3 新建图层并在"动作"面板中添加相应的代码（最终效果参见：光盘:\效果文件\项目七\实训一\电子台历.fla）。

如果用户计算机中有时钟字体（如DIGITAL-Dream.TTF、DIGITAL-Dreamfat.ttf、DIGITAL-Regular.ttf），则在设置电子台历文本系列里选择这些字体，以便达到更真实的效果，如图7-75所示为设置为"Digiface"字体的显示效果。

操作提示

图7-75　"Digiface"字体效果

实训二 制作自我介绍动画

【实训要求】

本实例要求制作一个自我介绍动画，即用户填写自己的个人信息，提交后将其显示出来。

【实训思路】

制作本动画主要包括组件的添加及组件属性的设置、AS脚本的添加与动画测试等。本实训的参考效果如图7-76所示。

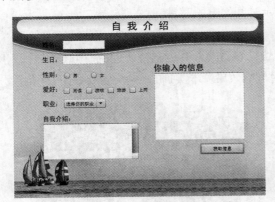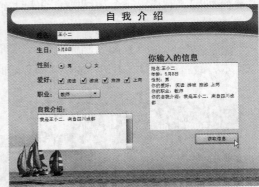

图7-76　制作自我介绍动画

【步骤提示】

STEP 1 打开素材文件"自我介绍.fla"（素材参见：光盘:\素材文件\项目七\实训二\自我介绍.fla）。

STEP 2 新建图层并重命名为"文本"，再输入提示文本，并设置相应的属性。

STEP 3 新建图层并重命名为"组件"，添加各组件并设置各组件的属性。

STEP 4 新建图层并重命名为"脚本"，打开"动作 – 帧"面板，添加脚本代码。

STEP 5 保存文档并进行测试（最终效果参见：光盘:\效果文件\项目七\实训二\自我介绍.fla）。

常见疑难解析

问：在Flash CS4中，可以通过ActionScript脚本来控制组件的外观吗？

答：可以，通过为组件关联setStyle()语句即可对指定组件的外观、颜色和字体等内容进行修改，如：glb.setStyle("textFormat",myFormat);。关于setStyle()语句的具体应用及相关的属性，可参见"帮助"面板。

问：为什么在"动作"面板中，按照书上的语句输入后，在检查语句时却出现错误？

答：出现这种情况通常有两个原因：一是在输入语句的过程中，输入了错误的字母或字母的大小写有误，使得Flash CS4无法正常判断语句，对于这种情况，应仔细检查输入的语句，并对错误进行修改。二是输入的标点符号采用了中文格式，即输入了中文格式的分号、冒号或括号等，在Flash CS4中，ActionScript语句只能采用英文格式的标点符号，此时可将标点符号的输入格式设置为英文状态，重新输入标点符号即可。

问：为按钮添加了代码，为何单击不能跳转到第2帧？

答：可能是因为没有为按钮进行实例命名或命名不正确，按钮的实例名称一定要和语句中引用的名称保持一致，在制作过程中可以将组件的实例名称记录下来，在编写语句时对照着进行编写，以免出错。

拓展知识

1. 编译ActionScript 3.0脚本

除了可在Flash CS4中编译ActionScript 3.0脚本外，还可以使用Adobe Flex Builder 2开发环境进行编译。使用Flex Builder 2创建ActionScript 3.0应用程序比较简单。只要在电脑中安装了Flex Builder 2，就可以得到它自身的一些工具，甚至不需要考虑创建多个（.as和.fla）文件和确认它们是否保存在正确的位置，用户要做的只是创建相应的类并编译它们。

2. 修改组件的外观

组件的外观可以修改，如要修改鼠标指针移动到按钮上时Button组件的颜色，可以双击该Button组件，进入编辑窗口，如图7-77所示。然后双击"selected_over"外观，在元件编辑模式下打开它，将缩放控制设置为400%，以便放大图标进行编辑，并双击背景，在"颜色"面板中重新设置颜色即可，如图7-78所示。

图7-77　Buttoen组件编辑窗口

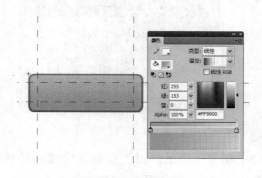

图7-78　修改颜色

　　Flash CS4中提供了按钮公用库，选择【窗口】/【公用库】/【按钮】菜单命令，在打开的面板中拖动按钮元件到舞台中即可使用这些按钮。

知识补充

课后练习

（1）制作"放大镜"动画，即通过鼠标拖动画布的圆形（放大镜）图形，可观察到清楚的图像。其使用的技术包括遮罩动画及脚本动画技术。完成后的最终效果如图7-79所示（最终效果参见：光盘:\效果文件\项目七\课后练习\放大镜.fla）。

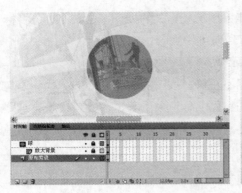

图7-79　制作放大镜动画

操作提示

　　　　制作本动画时需要将"circle"影片剪辑元件作为遮罩层图形，被遮罩层使用原始背景图像的稍放大图像实现。另外需要为"circle"影片剪辑元件实例命名实例名称为"circle"，并创建单独的as文件"circle.as"，如图7-80所示，最后在"库"面板中的"circle"影片剪辑元件图标上单击鼠标右键，在弹出的快捷菜单中选择"属性"菜单命令，在打开的"元件属性"对话框中单击 高级 按钮，再在"类"文本框中输入"circle"（独立as文件的文件名称），这样才能实现拖动"circle"影片剪辑元件实例的功能，其设置如图7-81所示。

图7-80　命名实例名称

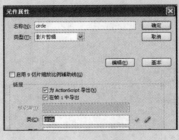

图7-81　设置元件属性

　　（2）制作"简单测试"动画，完成后最终效果如图7-82所示（最终效果参见：光盘:\效果文件\项目七\课后练习\简单测试.fla）。

图7-82　制作简单测试动画

情景导入

小白：阿秀，我的Flash动画制作完成了，但发布到网上，要很久才能打开看到动画播放效果，这是怎么回事啊？

阿秀：可能是你的Flash文档没有进行优化，文件太大了，造成网络下载文件需要花费较多的时间。

小白：Flash动画制作完了还要进行优化啊，我以为做完发布成Flash影片就行了呢！

阿秀：当然要优化了，另外还要对动画进行测试，包括播放效果是否正常、脚本运行是否正常等。

小白：看来事儿还比较多。

阿秀：是的，要制作出精品Flash作品，当然要付出更多的精力。

小白：嗯，我一定努力学习。

学习目标

● 了解优化与测试动画的方法
● 了解Flash图片等对象导出的方法
● 了解结合第三方软件使用Flash的方法

技能目标

● 能与第三方软件相互结合制作Flash动画
● 掌握测试、优化与导出"拼图游戏"动画的方法

任务一 优化与测试"拼图游戏"动画

测试动画贯穿整个Flash动画的制作过程，而且应该养成按【Ctrl+Enter】组合键随时测试动画的习惯。在Flash制作后期，还应该对Flash动画进行优化，以便缩减Flash文档的大小，利于Flash的快速加载。本节将学习优化与测试动画的方法。

一、任务目标

本例将为"拼图游戏"动画进行优化与测试。操作过程包括测试并修改动画、优化动画、导出动画图片等。通过本例的学习，可以掌握Flash动画的优化与测试方法。本例测试与优化完成后的最终效果如图8-1所示。

图8-1 优化与测试"拼图游戏"动画

二、相关知识

本例涉及对Flash动画进行测试、优化以及导出动画图像等操作，下面先对这些相关知识进行介绍。

（一）测试动画

Flash动画制作完成后，要保证动画能正常播放或使用，如使用AS开发的Flash游戏能不能正常运行、动画播放画面是否流畅、画面是否有重叠、画面过渡是否合理等，都要进行测试才能保证最终作品不会出错。

在Flash CS4中对动画的测试主要包括播放效果的测试及AS脚本代码的测试两大部分。在进行AS代码测试时，按【Ctrl+Enter】组合键后，Flash CS4会在"编译器报告"面板中自动进行一些调试并提示出错信息，根据出错信息进行相应的修改即可，如图8-2所示。

图8-2 出错信息提示

下面介绍一些测试动画的技巧。

1. 仔细分析"编译器报告"

对于使用了AS脚本代码的Flash，在按【Ctrl+Enter】组合键进行测试时，如果有错，则会在"编译器报告"面板中显示出错信息，其中"位置"列中显示了哪个场景、哪个图层、哪个帧等非常详细的出错位置信息，检查错误时可以直接到该位置进行错误检查。在"描述"列则显示了错误描述，也就是出现了什么错误，如"1120:访问的属性A未定义"表示有一个元件实例的实例名称"A"未进行定义。在"源"列中则显示出错的语句，如"A.addEventListener(MouseEvent.CLICK,a);"，在这句代码中引用了一个实例名称"A"，但Flash系统却没有找到实例名称为"A"的这个元件实例，因此报错。解决办法就是在舞台中将应该命名为"A"的实例元件找出来并命名为"A"。

 在"编译器错误"面板中双击错误信息，将自动打开"动作－帧"面板并定位到出错代码，联系代码前后文，可以较轻易地确定出现问题的原因。

另外，不是所有的AS错误Flash编译器都能检查出来，比如一些数学运算（少加了一个括号、少加了一个小数点等），这些错误Flash编译器无法检测出来。要确定运行结果是否正确，就必须靠测试人员根据AS脚本逻辑进行手工测算检查。又比如一些使用了组件的Flash动画，如密码文本域，输入时是明文密码，但Flash编译器不会报错，因为这属于前端问题而非AS代码本身的问题。

2. 使用影片浏览器

当Flash影片较大元件较多时，要查找错误、特别是定位错误位置或选择出错元素比较麻烦，此时使用影片浏览器可以大大节省时间。使用影片浏览器（如图8-3所示）可以轻松查看和组织Flash文档的内容，并在文档中选择要修改的元素。影片浏览器包含当前使用的元素的显示列表，该列表显示为一个可导航的分层结构树，可以选择在影片浏览器中显示文档中哪些类别的项目（包括文本、图形、按钮、影片剪辑、动作和导入的文件）。

图8-3　影片浏览器

影片浏览器提供了许多功能，可以简化创建文档的工作流程，其主要功能如下。

● 按名称搜索文档中的元素。

● 方便熟悉Flash文档结构。

● 查找特定元件或动作的所有实例。

● 打印显示在影片浏览器中的可导航的显示列表。

3. 在测试窗口中测试

Flash影片会上传到互联网中，因此下载速度比较重要，如果下载一个Flash需要花费较多的时间，一般用户会选择放弃。压缩Flash文档的大小，加快Flash影片的下载速度，是制作Flash动画尾期必做的功课之一。

打开需要测试的动画文件，选择【控制】/【测试影片】菜单命令或按【Ctrl+Enter】组合键打开动画的测试窗口，在该窗口中可查看动画的实际播放效果。

在测试窗口中选择【视图】/【下载设置】菜单命令，在弹出的菜单中选择一种带宽类型（如：DSL（32.6KB/s）），再选择【视图】/【模拟下载】菜单命令进行模拟下载测试，如图8-4所示。

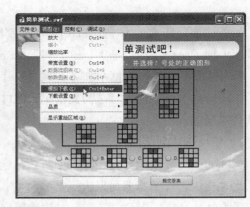

图8-4　模拟下载测试

选择【视图】/【带宽设置】菜单命令，然后选择【视图】/【数据流图表】命令，打开数据流显示图表，进行动画下载和播放时的数据流情况测试，如图8-5所示。

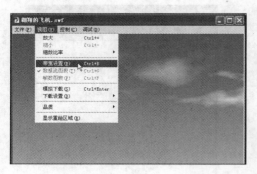

图8-5　数据流情况测试

选择【视图】/【帧数图表】菜单命令打开帧数显示图表，在该图表中查看动画中各帧中的数据使用情况，如图8-6所示。

知识补充

若动画中应用了ActionScript脚本，可在Flash CS4主界面的菜单栏中选择【调试】/【调试影片】菜单命令，打开调试界面，对动画中ActionScript脚本的执行情况进行查看。

图 8-6　帧数图表测试

（二）优化动画

优化动画包括两方面的内容，一是动画元素及播放效果的优化，二是动画文件大小的优化。网络中的动画下载和播放时间很大程度上取决于文件的大小，Flash动画文件越大，其下载和播放速度就越慢，而且容易产生停顿，影响动画的点击率。因此为了动画的快速传播，就必须最大化地减小动画文件，优化动画的方法有多种，主要包括优化动画文件、优化动画元素和优化文本等，下面分别进行介绍。

1. 优化动画元素

对元素的优化主要有以下6个方面。

● 尽量减小矢量图形的形状复杂程度。

● 尽量减少素材的导入，特别是位图，它会大幅增加动画体积。

● 尽量对动画中的各元素进行分层管理。

● 导入声音文件时尽量使用体积相对较小的声音格式，如MP3。

● 尽量使用矢量线条替换矢量色块，因为矢量线条的数据量相对于矢量色块会小得多。

● 尽量减少特殊形状矢量线条的应用，如锯齿状线条、虚线和点线等。

2. 优化文本

文本优化主要包括以下两个方面的内容。

● 使用文本时最好不要运用太多种类的字体和样式，使用过多的字体和样式会使动画的数据量加大。

● 尽量不要将文字打散。

3. 优化动画文件

动画文件的优化主要有3个方面的内容。

● 将动画中相同的对象转换为元件，在需要使用时可直接从库中调用，可以很好地减少动画的数据量。

● 位图比矢量图的体积大，调用素材时最好使用矢量图，尽量避免使用位图。

● 补间动画中的过渡帧通过系统计算得到，逐帧动画的过渡帧通过用户添加对象得到，因此补间动画的数据量相对于逐帧动画而言要小得多。因此制作动画时最好减少逐帧动画的使用，尽量使用补间动画。

（三）导出Flash动画

优化动画并测试其下载性能后，即可将动画导出并运用到其他应用程序中。

1. 导出动画文件

导出动画文件指将制作好的Flash动画导出并保存。选择【文件】/【导出】/【导出影片】菜单命令，打开"导出影片"对话框。 在"保存在"下拉列表中选择图像文件保存的位置，在"文件名"文本框中输入文件保存的名称，在"保存类型"下拉列表中选择保存类型， 单击 保存(S) 按钮，完成动画文件的导出，如图8-7所示。

图8-7　导出动画文件

2. 导出图像

有时可将Flash动画画面导出为图像，以供制作教程、展示画面效果等。有时要调整画面效果也会将动画导出为图像，并使用Photoshop、Fireworks等软件进行加工。

先隐藏掉不需要导出的图像元素，再选中相应帧，选择【文件】/【导出】/【导出图像】菜单命令，打开"导出图像"对话框， 在对话框中进行相应设置后再单击 保存(S) 按钮，在打开的对话框中设置导出参数，再单击 确定 按钮完成图像的导出。如图8-8所示为导出为JPG格式图像的操作示意图。

知识补充

在执行导出图像操作时，一定要先隐藏不需要导出的图像元素，导出操作是针对某帧画面进行的。如果在舞台中选择某个图像再执行导出图像操作，导出的并非所选图像，而是该帧中所有可见图像元素。另外，在导出时，引导线、辅助线之类的元素不会被导出，因此，如果需要制作教程且保留引导线等，则需要使用SnagIt之类的专业抓图软件来实现。除此之外，导出格式不同，其所需设置的导出参数也不同，选择不同的参数项或设置不同的参数值，所导出的图像质量等也会不同，因此需要导出多个不同参数设置的图像，并选择一个最佳的进行使用。

图8-8　导出图像文件

（四）设置动画发布格式

选择【文件】/【发布设置】菜单命令将打开"发布设置"对话框，在"格式"选项卡中可以设置发布的格式，然后在其他如"Flash"选项卡中可以设置发布的具体参数值。默认情况下动画将发布为SWF格式的播放文件，以便直接插入到网页中，方便互联网中的所有用户都能访问。另外也可以用其他格式发布Flash动画，下面将对动画的各种发布格式进行详细介绍。

1．设置输出格式

选择【文件】/【发布设置】菜单命令打开"发布设置"对话框，在"格式"选项卡中列出了可以发布的格式，选中"类型"栏中相应的复选框就可以发布相应格式的文件，在"文件"栏的文本框中可以设置发布的文件名，单击文本框后的 📁 按钮，则可指定发布文件所保存的位置等信息，如图8-9所示。

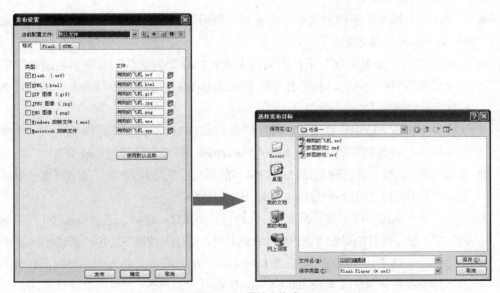

图8-9　设置输出格式

2. Flash输出格式

在"Flash"选项卡中可设置发布的Flash影片的相应参数值，如图8-10所示。

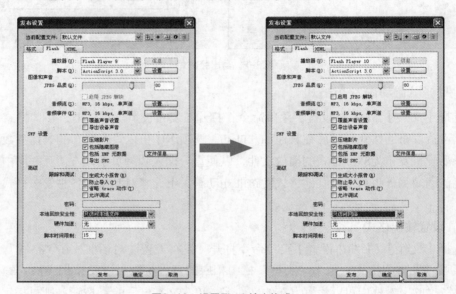

图8-10　设置Flash输出格式

其中各项参数的含义如下。

● 版本：从"版本"下拉列表框中可选择一种播放器版本，范围从Flash Player 1播放器到Flash Player 10播放器。

● 加载顺序："加载顺序"下拉列表用于设置Flash如何加载动画中各图层的顺序，以显示动画第1帧。由下而上或由上而下控制Flash在速度较慢的网络中先加载动画的哪些部分。

● 生成大小报告：选中该复选框，可按最终列出的Flash动画文件数据量生成一个报告。

● 防止导入：该选项可防止其他人导入Flash动画，并将它转换为Flash文件。

● 省略trace动作：该选项会使Flash忽略当前影片中的跟踪动作，选中该复选框后，来自跟踪动作的信息就不会显示在"输出"面板中。

● 允许调试：该选项用于激活调试器并允许远程调试Flash动画，选中该选项，可激活"密码"文本框，在其中可输入密码保护Flash动画，防止未被授权的用户调试Flash动画。

● 压缩影片：选中该复选框可以压缩Flash动画，从而减小文件大小，缩短下载时间。如果文件中存在大量的文本或ActionScript语句时，默认情况下会选中该复选框。

● JPEG品质：JPEG品质滑块用于控制位图压缩，图像品质越低，生成的文件就越小；图像品质越高，生成的文件就越大。在发布动画时可多次尝试不同的设置，在文件大小和图像品质之间找到最佳平衡点，当值为100时图像品质最佳，但压缩比率也最少。

知识补充

在Flash CS4中增加了Flash动画的本地回放安全性，必须进行合理的设置，才能正常播放Flash动画。如在Flash中的某按钮添加了一个网址链接"http://www.eni8.com/"，则在"Flash"选项卡的"本地回放安全性"下拉列表框中应选择"只访问网络"选项，而如果选择"只访问本地文件"选项，则单击该按钮时，则不会打开"http://www.eni8.com/"网页。反之，如果要在Flash中使用本地的文件，如"qqlist.txt"，则在"Flash"选项卡的"本地回放安全性"下拉列表框中应选择"只访问本地文件"选项，否则将无法正常访问本地文件"qqlist.txt"。

3. HTML输出格式

在"HTML"选项卡中可设置发布的HTML文档的相应参数值，如图8-11所示。

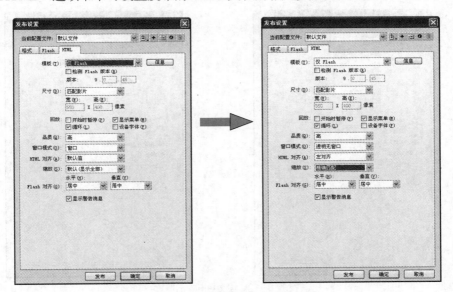

图8-11　设置HTML输出格式

其中各项参数的含义如下。

● 模板：在"模板"下拉列表框中可选择要使用的模板，单击右边的 信息 按钮可显示该模板的相关信息。

● 尺寸："尺寸"下拉列表框用于设置发布到HTML的大小，包括宽度和高度值。

● 开始时暂停：选中该复选框，动画会一直暂停播放，在动画中单击鼠标右键，在弹出的快捷菜单中选择"播放"命令后，动画才开始播放。默认情况下，该选项为未选中状态。

● 显示菜单："显示菜单"复选框用于设置在动画中单击鼠标右键时，弹出相应的快捷菜单中显示的命令项。

● 循环："循环"复选框用于使动画反复进行播放，取消选中该复选框，则动画到最后一帧将停止播放。

- 设备字体：选中该复选框可用边缘平滑的系统字体替换未安装在用户系统上的字体。
- 品质："品质"下拉列表框用于设置HTML的品质。
- 窗口模式："窗口模式"下拉列表框用于设置HTML的窗口模式。
- HTML对齐："HTML对齐"下拉列表框用于确定动画窗口在浏览器窗口中的位置。
- 缩放："缩放"下拉列表中的选项用于设置动画的缩放方式。
- Flash对齐："Flash对齐"下拉列表中的选项用于设置在浏览器窗口中放置动画并在必要时对动画的边缘进行裁剪。
- 显示警告消息："显示警告消息"复选框用于设置Flash是否要警示HTML标签代码中所出现的错误。

4．GIF输出格式

在"GIF"选项卡中可设置发布的GIF文档的相应的参数值，如图8-12所示。

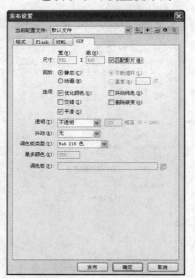

图8-12　设置GIF输出格式

其中各项参数的含义如下。

- 尺寸：在"尺寸"文本框中可以输入导出的位图图像的"宽度"和"高度"值，选中后面的"匹配影片"复选框可使GIF和Flash动画大小相同并保持原始图像的高宽比。
- 回放：用于选择创建的是静止图像还是GIF动画，如果选中"动画"单选项，将激活"不断循环"和"重复"单选项，设置GIF动画的循环或重复次数。
- 优化颜色：选中该复选框将从GIF文件的颜色表中删除所有不使用的颜色，这样可使文件大小减小1000~1500字节，而且不影响图像品质。
- 交错：选中该复选框可使导出的GIF文件在下载时在浏览器中逐步显示。交错的GIF文件可以在文件完全下载前为用户提供基本的图形内容，并可以在网络连接较慢时以较快的速度下载。

- 平滑：可消除导出位图的锯齿，从而生成高品质的位图图像，并改善文本的显示品质，但会增大GIF文件的大小。
- 抖动纯色：用于抖动纯色和渐变色。
- 删除渐变：选中该复选框将使用渐变色中的第1种颜色将影片中的所有渐变填充转换为纯色，建议不要轻易使用。
- 透明：在"透明"下拉列表中选择一个选项以确定动画背景的透明度以及将Alpha设置转换为GIF的方式。
- 抖动：在"抖动"下拉列表中选择一个选项，可用于指定可用颜色的像素如何混合模拟当前调色板中不可用的颜色。
- 调色板类型：在"调色板类型"下拉列表中选择一个选项用于定义GIF图像的调色板。

5. JPEG输出格式

在"JPEG"选项卡中可设置发布的JPEG文档的相应的参数值，如图8-13所示。

图8-13　设置JPEG输出格式

其中各项参数的含义如下。

- 尺寸：在"尺寸"文本框中可以输入导出的位图图像的"宽度"和"高度"值，选中后面的"匹配影片"复选框可使JPEG图像和Flash动画大小相同并保持原始图像的高宽比。
- 品质：拖动滑动条或在其后的文本框中输入一个值可设置生成的图像品质的高低和图像文件的大小。
- 渐进：选中该复选框可在Web浏览器中逐步显示连续的JPEG图像，从而以较快的速度在网络连接较慢时显示加载的图像，类似于GIF和PNG图像中的"交错"功能。

6. PNG输出格式

在"PNG"选项卡中可设置发布的PNG文档的相应的参数值，如图8-14所示。

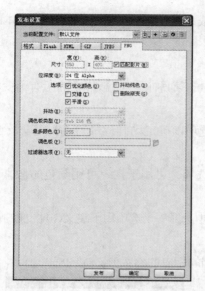

图8-14　设置PNG输出格式

其中各项参数的含义如下。

- 尺寸：在"尺寸"文本框中可以输入导出的位图图像的"宽度"和"高度"值，勾选后面的"匹配影片"复选框可使PNG图像和Flash动画大小相同并保持原始图像的高宽比。
- 位深度：在"位深度"下拉列表中可设置导出的图像像素位数和颜色数。
- 抖动：如果在"位深度"下拉列表中选择"8位"，则要在"抖动"下拉列表中选择一个选项来改善颜色品质。
- 调色板类型：在"调色板类型"下拉列表中选择一个选项用于定义PNG图像的调色板。

（五）预览与发布动画

在"发布设置"对话框中对动画的发布格式进行设置后，在正式发布之前还可以对即将发布的动画格式进行预览。选择【文件】/【发布预览】菜单命令下的子菜单即可进行预览，如选择【文件】/【发布预览】/【HTML】菜单命令，即可在网页模式下欣赏动画效果。

设置好动画发布属性并预览后，如果满意预览的动画效果，则可动画发布，发布动画的方法主要有以下两种。

- 选择【文件】/【发布】菜单命令。
- 按【Shift+F12】组合键。

三、任务实施

（一）测试Flash动画

首先进行Flash动画测试，主要解决AS脚本编译错误的问题，其具体操作如下。

STEP 1 启动Flash CS4程序，打开素材文件"拼图游戏.fla"（素材参见：光盘:\素材文件\项目八\任务一\拼图游戏.fla）。

STEP 2 按【Ctrl+Enter】组合键测试Flash动画，在"编译器错误"面板中显示有编译错误，如图8-15所示。

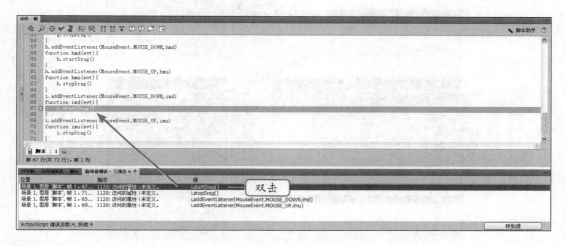

图8-15 查看编译器错误

STEP 3 查看编译错误的详细信息，其描述为"访问的属性i未定义"。双击错误条目，打开"动作－帧"面板，如图8-16所示。

图8-16 查看错误代码源码

STEP 4 根据编译器错误提示及查看源码，可以确定是舞台中某个元件实例的实例名称未进行命名。选择【窗口】/【影片浏览器】菜单命令打开"影片浏览器"窗口，查看确实没有"i"实例名称，如图8-17所示。

STEP 5 打开"属性"面板，在舞台中选择各个元件实例，查看命名情况，发现所有的元件实例都有命名，如图8-18所示。

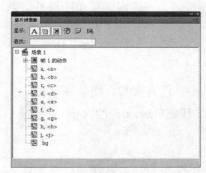
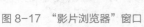
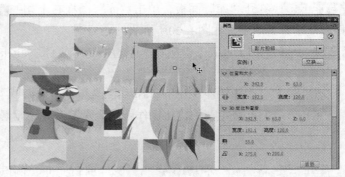

图8-17 "影片浏览器"窗口　　　　　　图8-18 查看元件实例命名情况

STEP 6 再次检查源代码，其引用的元件实例名称依次为"a"～"i"，在"影片浏览器"窗口中查看已命名的元件实例，发现有"a~h"及"j"元件实例命名，唯独没有"i"元件的实例命名。显然，"j"元件实例命名有错，将其修改为"i"即可。在"影片浏览器"窗口中选择"j,<j>"选项，在"属性"面板中修改实例名称为"i"，如图8-19所示。

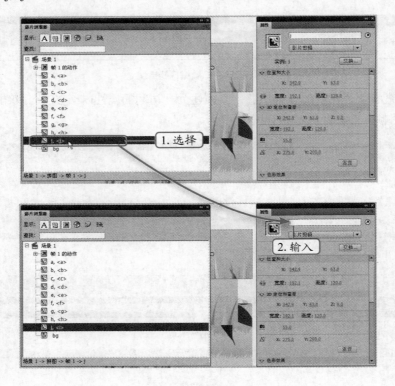

图 8-19　修改实例命名

STEP 7　按【Ctrl+S】组合键保存文档，并按【Ctrl+Enter】组合键进行测试，"编译器错误"窗口中已无错误，测试窗口中的图片也可以拖动，说明AS错误已完成修改。

（二）优化与导出动画

下面对Flash动画进行优化，并导出部分图像以便为客户进行效果演示，其具体操作如下。

STEP 1　打开"库"面板，单击"库"面板右上角的■按钮，在弹出的菜单中选择"选择未使用"菜单项，如图8-20所示。

STEP 2　按【Delete】键删除选中的未使用项目，如图8-21所示。

操作提示　　由于本例中的Flash动画是一个拼图游戏动画，没有文本、线条等元素，因此最主要的优化操作就是清除不需要的元素，压缩Flash文档的大小。

STEP 3　将"库"面板中的"j"影片剪辑元件实例重命名为"i"，以便与元件实例名"i"即AS代码中使用的"i"引用保持一致，如图8-22所示。

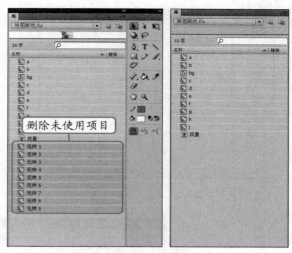

图8-20 选择未使用项目　　　　　　　　　　图8-21 删除未使用项目

图8-22 重命名影片剪辑元件实例

STEP 4 选择【文件】/【保存并压缩】菜单命令，让Flash系统自动对Flash文档进行优化，以减少文档大小。

STEP 5 选择【文件】/【导出】/【导出图像】菜单命令，在打开的对话框中设置保存位置，并在"保存类型"下拉列表框中选择"PNG（*.png）"选项，再单击 保存(S) 按钮，如图8-23所示。

STEP 6 在打开的"导出 PNG"对话框中保持默认设置，单击 确定 按钮，完成图像的导出操作，如图8-24所示。

STEP 7 在"时间轴"面板中隐藏"拼图"图层，再导出图像，其名称为"接图游戏bg.png"，并设置导出参数，如图8-25所示。

图8-23 导出图像

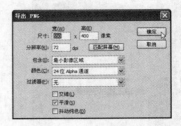

图8-24 导出图像设置

图8-25 导出图像

STEP 8 选择【文件】/【导出】/【导出影片】菜单命令，在打开的对话框中进行导出
设置后单击 保存(S) 按钮，完成导出操作，如图8-26所示。

图8-26 导出影片

STEP 9 保存文档，完成整个动画的优化与测试（最终效果参见：光盘:\效果文件\项目
八任务一\拼图游戏.fla）。

任务二 Flash与第三方软件的运用

Flash CS4发布Flash影片在网页中使用，是最常见的Flash动画使用方式，但在某些特殊

情况下，在第三方软件中可能也需要使用Flash，如在PowerPoint中使用Flash等，本节将介绍Flash与第三方软件配合使用的知识。

一、 任务目标

本例将练习更换Flash影片中的图片并重新发布为新的Flash影片，再插入到网页文档中。本例制作完成后的最终效果图8-27所示。

图8-27　画册

电子相册指可在电脑上观赏的区别于CD/VCD的静止图片的特殊文档，其内容不局限于摄影照片，也可以包括各种艺术创作图片。电子相册具有传统相册无法比拟的优越性，如图、文、声、像并茂的表现手法，随意修改编辑的功能，快速的检索方式，永不褪色的恒久保存特性，以及廉价复制分发的优越手段。

二、相关知识

本例主要涉及反编译Flash影片、更新图片、发布Flash及在网页中插入Flash影片等知识，下面分别进行介绍。

（一）下载Flash动画文件

网页中的Flash文件有些直接提供了下载地址，有的却没有提供下载地址，甚至有的还加了防盗链处理，因此有的Flash动画文件可以直接下载，而有的不能下载或要采用非常复杂的方法才能下载。下载网页中的Flash的方法有查看源码再下载或直接使用专业的Flash下载软件下载这两种方法，下面分别进行介绍。

1. 直接使用软件下载

在百度搜索"Flash下载工具"可以看到许多Flash下载工具，如闪客利器（Flash Saver），利用Flash Saver可以轻松地将网页中的Flash下载下来。安装Flash Saver后，当鼠标指针移到网页中的Flash上时，在Flash的左上角会出现一个浮动工具条，点击工具条中的🔲按钮，在打开的"另存为"对话框中设置保存的位置及文件名再单击 保存(S) 按钮，就可以完成保存操作，如图8-28所示。

图8-28 下载Flash文件

2. 查看源码下载

在网页中插入的Flash文件的扩展名为.swf，因此可通过查找网页源代码中的".swf"确定Flash文件的完整路径及名称，然后使用迅雷等软件进行下载。

使用IE浏览器打开包含Flash的文档，选择【查看】/【源文件】菜单命令，在打开的源文件窗口中按【Ctrl+F】组合键，输入".swf"，然后单击 下一个(N) 按钮进行查找，如果该网页中包含Flash，即可看到如图8-29所示的代码段，其中Flash文件名为"拼图游戏.swf"。

图8-29 查找Flash文件名称

关闭"查找"对话框，复制IE浏览器地址栏中的网址，启动迅雷，新建下载任务，复制网址到"下载地址"文本框并修改网页文档为Flash动画文档，然后将网页名称替换为Flash文件名称，再修改"文件名称"，如"index.swf"，选择保存路径后单击 立即下载 按钮，完成下载操作，如图8-30所示。

知识补充

在网站应用中，通常使用"/"来表示根目录，即网站文件夹，使用网址方式表示即为网站域名，如"http://www.xxx.com/"。使用"../"表示相对于当前文件夹的父文件夹，如网站文件夹为"d:\site"，网页文件"d:\site\flash\test.html"中有一个Flash文件的路径，在源代码中为"../flash.swf"，则Flash文件的实际路径为"d:\site\flash.swf"，采用网址方式表示即为"http://www.xxx.com/flash.swf"，在下载Flash文件时就采用"http://www.xxx.com/flash.swf"下载地址。

图8-30 下载Flash文件

（二）创建独立播放器

播放Flash影片使用Flash Player播放器，如果用户的计算机中没有安装Flash Player播放器则无法播放Flash影片，为了避免这种情况的出现，可将Flash影片创建为独立播放器，即将Flash影片与Flash Player播放器打包在一起，只要运行打包后的.exe文件，无论用户计算机中是否安装了Flash Player播放器都可以正常播放。

使用Flash Player播放器打开Flash影片文件，选择【文件】/【创建播放器】菜单命令，在打开的对话框中选择保存位置及输入文件名后单击 保存(S) 按钮，完成创建操作，如图8-31所示。

图8-31 创建独立播放器

（三）反编译Flash动画文件

学习与模仿是初学者最快的成长捷径，使用解析与反编译软件，可以查看Flash中的元素并可反编译Flash文件，使其变为Flash源文件，从而学习如何制作该Flash动画。

硕思闪客精灵是目前比较常用的Flash动画文件反编译工具，它不但能捕捉、反编译、查看和提取Flash 影片（.swf和.exe格式文件）元素，而且可以将.swf格式文件转化为.fla格式文件。它能反编译Flash的所有元素，并且支持AS 3.0脚本语言。下面简单介绍一下硕思闪客精灵的几个基本功能。

1.导出Flash文件资源

启动硕思闪客精灵，在"资源浏览器"列表框中选择Flash文件所在位置，再在下方的文件列表框中选择Flash文件，在窗口右侧单击田按钮展开资源列表，选择要导出的资源，单击上方的  导出资源按钮，如图8-32所示。

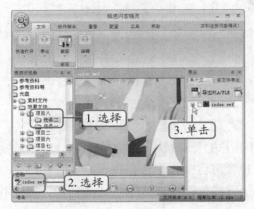 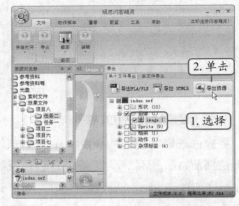

图8-32　导出资源

在打开的对话框中设置保存位置，再单击[　打开文件夹　]按钮即可完成导出操作，如图8-33所示。

图8-33　导出设置

2.反编译为.fla文件

在硕思闪客精灵中选择了Flash文件后，在窗口右侧单击 导出FLA/FLEX 按钮，在打开的对话框中设置保存位置，再单击[　确定　]按钮，完成反编译操作，如图8-34所示。

图8-34　反编译为.fla文件

3.独立播放器转换为.swf文件

在硕思闪客精灵中不选择Flash文件，单击"工具"选项卡，再单击"EXE-SWF转换器"按钮 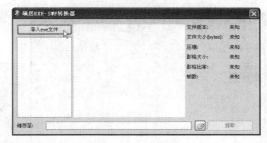，在打开的对话框中单击 导入exe文件 按钮，如图8-35所示。

图8-35　导入文件

在打开的对话框中选择Flash独立播放器文件所在位置，再单击 打开(0) 按钮，选择要导出的文件后单击 提取 按钮，完成转换操作，如图8-36所示。

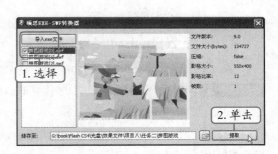

图8-36　转换文件

硕思闪客精灵自带有下载Flash的组件，安装好硕思闪客精灵后，在IE浏览器右键菜单中会增加"Sothink Flash Downloader For IE"菜单命令。在网页空白处单击鼠标右键，在弹出的快捷菜单中选择"Sothink Flash Downloader For IE"菜单命令，在打开的对话框中将自动显示网页中的Flash文件，选择需要下载的Flash文件并单击 Save 按钮即可，如图8-37所示。

图8-37　使用硕思闪客精灵下载

（四）在网页中添加Flash动画

在网页中添加Flash动画文件是网页制作过程中最常用的操作，且通常使用Dreamweaver进行添加。

启动Dreamweaver后，将鼠标指针定位到要添加Flash影片的位置，选择【插入】/【媒体】/【SWF】菜单命令或按【Ctrl+Alt+F】组合键，在打开的对话框中选择Flash文件的位置，选择Flash文件后单击 确定 按钮，最后在"属性"面板中进行参数设置即可，如图8-38所示。

图8-38　在网页文档中插入Flash

三、任务实施

（一）下载Flash动画

本例需要先从网上下载Flash动画，其具体操作如下。

STEP 1　启动IE浏览器，打开包含Flash影片的网页，如"http://www.eni8.com/画册.html"。

STEP 2　将鼠标指针移动到Flash动画上，当显示出闪客利器（Flash Saver）的工具条时，单击 按钮，如图8-39所示。

STEP 3　在打开的对话框的"保存在"下拉列表框中选择保存位置，在"文件名"文本框中输入文件名，再单击 保存(S) 按钮，完成下载操作，如图8-40所示。

图8-39　单击保存按钮　　　　　　　　　图8-40　进行保存设置

（二）反编译文件

接下来将下载下来的Flash文件反编译为.fla文件，其具体操作如下。

STEP 1 启动硕思闪客精灵，选择要反编译的文件，如图8-41所示。

STEP 2 单击窗口左上角的 ● 按钮，在弹出的菜单中选择"导出为FLA/FLEX"菜单命令或按【F4】键，如图8-42所示。

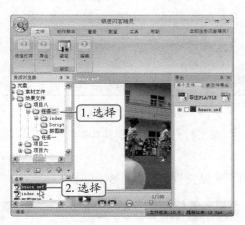

图8-41 选择文件

图8-42 反编译文件

STEP 3 在打开的对话框中设置导出路径后单击 确定 按钮，如图8-43所示。

STEP 4 导出完毕后，将打开如图8-44所示的对话框，单击 打开文件 按钮打开导出的fla文件。

图8-43 进行导出设置

图8-44 打开导出文件

STEP 5 保存文档并按【Ctrl+Enter】组合键进行测试，发现出现了自动翻页的现象，这是因为使用的硕思闪客精灵是未注册版本，默认不导出脚本代码。

STEP 6 返回到硕思闪客精灵中，选择脚本，再单击 导出资源 按钮，如图8-45所示。

STEP 7 在打开的对话框中设置导出路径后单击 确定 按钮，如图8-46所示，完成动作文件的导出操作。

操作提示

如果使用的是硕思闪客精灵注册版本，则在反编译Flash文件时，会同时自动导出脚本文件，用户可跳过手动导出脚本的步骤。

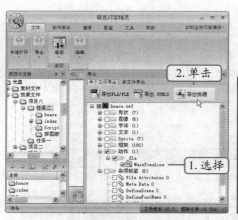

图8-45　选择动作　　　　　　　　　　图8-46　导出设置

STEP 8　　在导出文件夹中找到"动作"文件夹并双击打开，再复制其中的"_fla"文件夹，如图8-47所示。

STEP 9　　返回到导出的fla文件相同的文件夹中，粘贴文件夹，如图8-48所示。

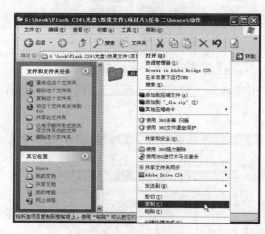

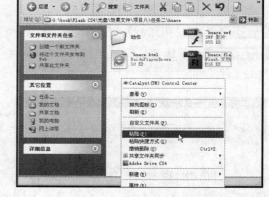

图8-47　复制文件夹　　　　　　　　　图8-48　粘贴文件夹

STEP 10　　返回到Flash中，保存文档并按【Ctrl+Enter】组合键测试动画，现在已完全正确了。

（三）替换图像文件

下面利用反编译的fla文件制作一个新的画册动画，其具体操作如下。

STEP 1　　打开导出的"~huace.fla"并另存为"huace.fla"。

STEP 2　　打开"库"面板，在任意图像上单击鼠标右键，在弹出的快捷菜单中选择"属性"菜单命令。

STEP 3　　在打开的对话框中查看图像的尺寸并记录下来，如这里的尺寸为"230×311"，如图8-49所示，然后根据这个尺寸处理素材文件（素材参见：光盘:\素材文件\项目八\任务二\）。

STEP 4　　返回到Flash中，单击"位图属性"对话框中的 更新(U) 按钮，在打开的对话框中选择文件所在位置并在文件列表框中双击处理好的图像文件，如图8-50所示。

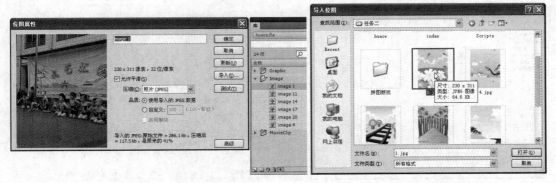

图8-49　查看图像文件大小　　　　　　　　　图8-50　更新图像文件

STEP 5　单击"位图属性"对话框中的 确定 按钮关闭对话框，使用相同的方法更换其他位图图像。

STEP 6　保存文档并按【Ctrl+Enter】组合键测试动画效果如图8-51所示。

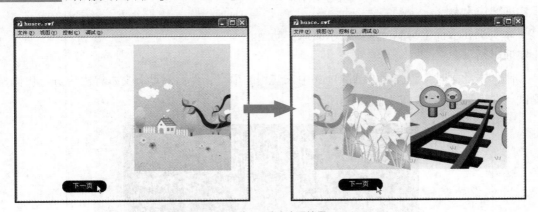

图8-51　测试动画效果

（四）在网页中插入Flash文件

下面在网页文档中插入Flash文件，其具体操作如下。

STEP 1　启动Dreamweaver后，新建HTML网页并保存网页到Flash影片所在的文件夹中，将鼠标指针定位到要添加Flash影片的位置，选择【插入】/【媒体】/【SWF】菜单命令或按【Ctrl+Alt+F】组合键打开"选择 SWF"对话框。

STEP 2　在打开的"选择 SWF"对话框的文件列表框中双击需要插入的Flash文件，完成Flash动画文件的插入，如图8-52所示。

STEP 3　保持插入Flash文件的选中状态，在"属性"面板的"Wmode"下拉列表框中选择"透明"选项，使Flash动画背景透明，如图8-53所示。

STEP 4　保存文档，完成本例的制作（最终效果参见：光盘:\效果文件\项目八\任务二\huace\huace.html）。

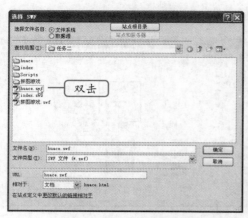

图8-52　选择Flash文件

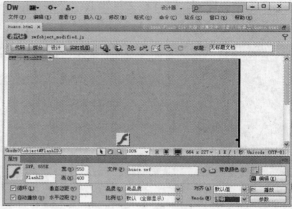

图8-53　设置Flash属性

实训一　优化与测试动画

【实训要求】

本实训要求优化与测试"梦幻水晶球"动画。

【实训思路】

制作本动画时，首先需要清除Flash中未使用的项目，然后对动画文本等内容进行优化与测试。本实训的参考效果如图8-54所示。

图8-54　优化与测试动画

【步骤提示】

STEP 1　打开素材文件"梦幻水晶球.fla"（素材参见：光盘:\素材文件\项目八\实训一\梦幻水晶球.fla）。

STEP 2　由于动画中采用了特殊字体，为了保证在各用户计算机中的显示效果一致，需要将其制作为图像。按【Ctrl+B】组合键，将文本打散，选择墨水瓶工具，设置笔触颜色为白色，笔触大小为3，然后为打散的文本描边。

STEP 3　选择打散文本中间填充部分的内容，按【Delete】键进行删除，完成文本变图像的操作。

STEP 4 打开"库"面板,将未使用的项目删除以压缩Flash文件体积。

STEP 5 选择【文件】/【保存并压缩】菜单命令压缩并保存Flash文档。

STEP 6 按【Ctrl+Enter】组合键测试动画,在测试动画窗口中查看下载速度等项目,并根据显示优化图像质量。

STEP 7 保存文档,完成动画的测试与优化(最终效果参见:光盘:\效果文件\项目八\实训一\梦幻水晶球.fla)。

实训二　制作飞机飞行动画

【实训要求】

本实例要求制作飞机飞行动画。本例采用反编译并替换背景图像的方法完成。

【实训思路】

本动画主要涉及Flash文档的下载,Flash的反编译、图像的导出、导入图像等操作。本实训的参考效果如图8-55所示。

图8-55　制作飞机飞行动画

【步骤提示】

STEP 1 从网上下载Flash文件。

STEP 2 使用硕思闪客精灵打开下载的Flash文件,然后将其转换为.fla源文件并打开源文件。

STEP 3 除"Layer 1"图层保持显示外,隐藏其他图层,再双击背景图像,然后导出图像为"背景.jpg"。

STEP 4 使用Fireworks、Photoshop等软件打开导出的"背景.jpg"图像,删除背景图。然后导入素材(素材参见:光盘:\素材文件\项目八\实训二\138.jpg),进行相应的调整后删除多余部分,再保存为"bg.jpg"。

STEP 5 返回到Flash编辑窗口,在"shape 1"的编辑窗口中,删除背景图,再导入制作好的"bg.jpg"图像文件到舞台中,在"属性"面板中设置X、Y值为0,完成背景图像的替换。

STEP 6 保存文档并进行测试(最终效果参见:光盘:\效果文件\项目八\实训二\plane\

plane.fla）。

常见疑难解析

问：在Flash CS4中怎样减小最终发布动画的文件大小？

答：可通过以下两个方法来实现：在动画中删除多余的元件或位图，对于需多次重复使用的图形或动画，应尽量以元件方式创建和调用；在发布动画时，应在确保动画发布质量的情况下，尽量降低位图和声音的发布质量。

问：为什么动画中的文本在不同的计算机中显示不一样？

答：出现这种情况的原因是Flash动画中使用了特殊字体，在其他用户的计算机中没有该字体，系统会使用其他字体进行代替，因此文本显示效果就不一样。为了避免这种情况的发生，可在制作Flash动画时使用常用字体，或将文本转换为矢量图形。

问：选中Flash中的图像并导出，却发现导出了其他图像？

答：Flash并不会单独导出选中的图像，而是针对这一帧中舞台的显示效果进行导出，因此在导出时需要隐藏其他不需要导出的元素。

问：已安装闪客利器（Flash Saver），但将鼠标指针移动到动画中时却不显示工具条？

答：在网页中除了Flash可以实现动态效果外，gif动画以及采用HMTL5、JS+图像轮播等技术，都可以实现动态效果，如果用户将鼠标指针移动到这些图像上时，由于其本身并不是Flash动画，因此不会出现闪客利器（Flash Saver）的工具条。

问：为什么插入到网页中的Flash有白底，与网页背景不协调？

答：默认情况下Flash动画有背景颜色，这个颜色可在Flash文档属性中进行设置。如果不想在网页中显示Flash的背景颜色，则可在"属性"面板的"Wmode"下拉列表框中选择"透明"选项。

问：发布动画与按【Ctrl+Enter】组合键有什么区别？

答：按【Ctrl+Enter】组合键是测试动画，只会生成.swf影片文件，而发布动画则是根据发布设置一键生成多个文件，如在发布设置中同时选中了Flash影片及HTML网页，则发布时就会同时生成.swf文件及.html文件。

问：硕思闪客精灵反编译生成的Flash源文件与原始制作的Flash源文件一样吗？

答：反编译生成的.fla文件与实际制作的Flash源文件还是有不少差别的，如原始制作的Flash动画源文件中采用的是传统补间动画，但反编译后有可能就变成了逐帧动画，或者原来是在时间轴中添加的AS脚本，但反编译生成的却是单独的AS脚本文本。虽然有许多不同，但一般都能正常播放，而且反编译的文件除了时间轴变化不一样外，其他变化不大。

问：能对Flash动画中的视频或声音进行优化吗？

答：为了减少Flash动画的大小，可以对Flash中的声音或视频进行优化。如将声音变为单声道，或者使用专业的声音处理软件将声音文件多余部分删除后再导入到Flash中。如果是视频，则可以考虑减少视频的尺寸或转换成压缩率较高的视频格式。

拓展知识

1. 在Flash CS4中导出声音

在时间轴中选中要导出的声音，然后选择【文件】/【导出】/【导出影片】菜单命令，打开"导出影片"对话框。在打开的"导出Windows WAV"对话框中，选择WAV的声音格式，然后单击 确定 按钮即可导出选中的声音。在"保存在"下拉列表框中指定文件要导出的路径，在"文件名"文本框中输入文件名称，在"保存类型"下拉列表框中选择"WAV音频"文件格式，然后单击 保存(S) 按钮。

2. 导出视频

在Flash CS4中，可将动画片段导出为Windows AVI和QuickTime两种视频格式。若要导出为QuickTime视频格式，需要在用户的电脑中安装QuickTime相关软件。其操作方法与导出声音相似。

3. 导出为gif动画

选择【文件】/【导出】/【导出影片】菜单命令，在"保存在"下拉列表框中指定文件路径，在"文件名"文本框中输入文件名称，在"保存类型"下拉列表框中选择导出的文件格式"动画GIF"，然后单击 保存(S) 按钮。在打开的"导出GIF"对话框中，设置导出文件的尺寸、分辨率和颜色等参数，然后单击 确定 按钮，即可将动画中的内容按设定的参数导出为GIF动画。

4. 使用硕思闪客精灵替换Flash影片元素

使用硕思闪客精灵可直接替换Flash影片元素，如图片等。首先导出Flash影片中要替换的资源，如图片，如图8-56所示。然后根据导出的图片的尺寸对要替换的图片素材进行处理，主要是保持大小尺寸一致。返回到硕思闪客精灵中进行图片编辑，如图8-57所示，在窗口下方单击 按钮，如图8-58所示，在打开的对话框中选择要替换的图像。要替换的图像选择好后，单击窗口右上角的 另存为 按钮，进行保存，一个新的Flash动画就完成了。

图8-56　导出资源

图8-57　编辑资源

图8-58　选择替换图像

知识补充

硕思闪客精灵试用版可使用30天。试用版有功能限制，如导出资源限制、保存及另存为限制等。若用户工作中常使用这款软件，建议购买正版。

课后练习

（1）使用硕思闪客精灵试用版反编译Flash动画（素材参见：光盘:\素材文件\项目八\课后练习\风景.swf），测试动画，并根据提示对比硕思闪客精灵试用版中的动作脚本，完善反编译Flash动画中的脚本，最后发布动画并创建独立播放器，完成后最终效果如图8-59所示（最终效果参见：光盘:\效果文件\项目八\课后练习\风景.fla）。

图8-59　反编译Flash动画

（2）测试与优化"登录表单"动画（素材参见：光盘:\素材文件\项目八\课后练习\登录表单.swf），完成后的最终效果如图8-60所示（最终效果参见：光盘:\效果文件\项目八\课后练习\登录表单.fla）。首先进行动画测试，发现"ts"动态文本框未进行实例命名，然后输入用户名及密码，发现文本颜色设置不对，密码文本框未设置为密码域，单击"登录"按钮发现"登陆"文本错应为"登录"，不输入任何用户名及密码直接单击"登陆"（应为"登录"）提交发现提示文本字体过大不美观，将其全部修改正确。再打开"库"面板清除未使用项目，并执行"保存并压缩"操作，完成本练习的操作。

图8-60　测试与优化动画

PART 9

项目九
Flash综合商业案例

情景导入

小白：阿秀，我的Flash学完了，刚好有家企业让我给他们的网站做一个Flash Banner，能给我一些建议吗？

阿秀：Flash Banner算是比较简单的动画，但要做好做精还得不断地磨砺。

小白：是啊，昨天晚上我抽时间看了不少网站的Flash Banner，分析是如何做出来的，很多都不明白制作方法呢！

阿秀：制作方法还是其次，最重要的是创意，毕竟Flash Banner只有短短几十秒，要在这么短的时间将广告意图传递给用户，怎么表现、写些什么文案等，都需要仔细考量。

小白：是啊，这些我都没有想过，看来你还得多教我几招。

阿秀：没问题，今天就教你做一个Flash Banner，另外再教你做一个简单的小游戏动画。

学习目标

● 了解Flash Banner的特点及常见尺寸
● 了解Flash游戏的特点及制作流程
● 了解Flash游戏的常见类型

技能目标

● 加强对Flash的认识，熟练运用Flash制作网页Banner
● 掌握制作赛车小游戏的方法

任务一 制作Flash Banner动画

Flash Banner动画是最常见的Flash动画类型。本节将详细介绍Flash Banner动画的制作方法及相关知识。

一、任务目标

本例将为一家物业公司网站制作Flash Banner。主要包括蝴蝶动画及文本特效两大部分的制作。通过本例的学习，可以掌握Flash Banner的制作方法。本例完成后的最终效果图9-1所示。

图9-1　制作Flash Banner

二、相关知识

本例主要涉及蝴蝶动画及文本特效两大部分的制作，其中使用的技术包括引导线动画、传统补间动画、遮罩动画及脚本动画等，下面先对Flash Banner的相关知识进行介绍。

（一）Flash Banner的特点

Flash Banner也叫网页广告，是指网页中具有广告作用的Flash作品。使用Flash制作的Banner具有体积小巧、主题鲜明、视觉效果强等优点。

Flash Banner主要的设计与制作包括3个部分，即文字、图片和动画效果。其中文字是直接传达广告信息的手段，因此文案的设计非常重要，既要短小，又要精准，简短几句话必须将广告意图表现出来，否则就是一个不成功的文案。Flash图片通常用作Flash动画背景，或者再添加一些小图配合文案，对文案进行补充渲染。Flash动画效果是吸引用户目光的重要手段，一段节奏鲜明、色彩炫目的动画效果，能极大地吸引用户。一个好的Flash动画效果，能通过快与慢的结合，巧妙地将广告文案有机地连接起来，从而完整地传达一个广告的意图。

在进行Flash Banner的设计时，需要遵循以下一些原则。

● **文案**：简短、精准，可分割为多个简短的小句进行展示。

● **图片**：要注意与整个网页页面的色彩相协调，不能破坏网页的色彩平衡。另外应该尽量减少图片的使用，图片体积较大，容易使Flash影片较大，不利于Flash动画的下载与播放。

● **不要疯狂压缩Banner**：通常情况下，一个Flash Banner有大小限制（即为多少KB）播放时长限制（如15秒），但不能为了控制大小只管压缩体积而导致Flash动画画面变模糊看不清楚，这将大大影响Flash的播放效果。如果确实无法再压缩，则应考虑重新进行设计，或者与客户协商，能否增加体积上线。

● **尽量减少帧数**：Flash Banner中不要设计太多的转场动画，应使用最小的转场动画将广告意图表现出来。多一个转场就要增加不少体积，且广告时间太长会让用户感觉厌烦。

● **帧频要设置合适**：通常稍快的动画播放效果更具有视觉冲击力，能在转瞬间抓住用户眼球，因此在一般情况下，帧频应尽量设置高一些，比如24fps及以上。另外，在动画设计过程中应遵循转场快、宣传广告重点部分慢的原则，也就是通过快速的视觉冲击切换到广告语上再停留几秒，让用户看清楚广告的内容。

● **尽量减少矢量图形的路径节点数**：矢量图形是由计算机通过CPU即时运算而得到，通过对节点的位置定义、线的曲度定义、面的填充色等各种属性定义来得到图形，因而作为基本元素点的数量将直接影响到线、面的数量，也就影响到CPU占用量。

● **装饰及重复使用的图形应尽量使用位图**：使用作为装饰的比较复杂的小型文字、Logo时应尽量用位图。

● **使用小图填充方法制作背景**：可以用一张小的位图作为元素填充出一些重复的图形或肌理式的背景。

● **尽量减少动态MC（MC是影片剪辑元件的简称）的多层套嵌**：多层套嵌会导致CPU对图形、位置、大小等数据不断进行重复计算，加重CPU负荷。

● **尽量减少多个MC在同一帧内同时运动**：多个MC同时运动会使CPU峰值高涨，播放速度减慢。设计时可以把MC的运动平均地放于不同帧，避免集中。同时要避免大面积位图的移动、变形，能在外部软件中变形的，就不要在Flash中制作。

● **尽量减少让MC做大小、旋转的急剧变化**：如果MC是复杂图形，或是位图，或是动态MC多层套嵌，那必然会使CPU的使用峰值急剧升高，图象播放会变得很慢。

● **在可能的情况下尽量减小Flash动画在屏幕显示中所占的比例**：也可以理解为尽量减小尺寸，或是减小包含运动的区域。例如：做遮幅以减少动画面积，较大的底图上做些有创意的小面积动画。只利用Flash做透明的关键动画，使它浮在底图上面，这样既可结合底图减少CPU的占用，又可以分成Flash和图片两个线程下载，加快下载速度。

● **减少每秒帧数**：在效果损失不大的情况下，尽量减少每秒帧数。

（二）Flash Banner的常见尺寸及位置

在淘宝橱窗广告（http://ssp.tanx.com/sizeexample.html）页面中可查看常用Banner的尺

寸，如图9-2所示。

图9-2　Flash Banner尺寸

从图9-2中可以看出，常见的Flash Banner主要分为横幅、矩形、方形及摩天大楼几种，其中横幅主要用于页头、页尾及各栏目间的广告位，矩形及方形主要用于左右两侧（右侧居多）的广告位，摩天大楼则主要用于页面左右两侧的漂浮广告位。

行业提示　　　　为了使广告投放取得最好的效果，需要讲究广告尺寸及投放位置，通常通栏广告点击率更高，效果较好。广告尺寸必须按照一定的规格才能投放，因此在设置网页时就应该规划广告位及其尺寸大小。

三、任务实施

（一）创建Flash动画文档

首先要创建Flash动画文档，设置文档属性，并导入背景图像，其具体操作如下。

STEP 1 启动Flash CS4程序后，新建 📄 Flash 文件(ActionScript 3.0) 文档并保存为"wuye.fla"。

STEP 2 按【Ctrl+M】组合键，在打开的"文档属性"对话框中设置尺寸为770像素×180像素，帧频为24fps，然后单击 确定 按钮关闭对话框，如图9-3所示。

STEP 3 选择【文件】/【导入】/【导入到舞台】菜单命令，在打开的对话框中选择背景图像所在的位置双击要导入的图像文件"背景.jpg"（素材参见：光盘:\素材文件\项目九\任务一\背景.jpg），如图9-4所示。

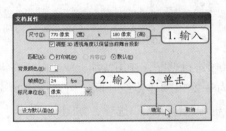

图9-3 设置文档属性

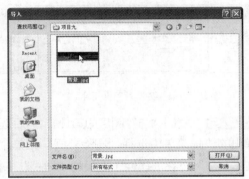

图9-4 选择背景图像

STEP 4 选择舞台中的背景图像，按【Ctrl+B】组合键打散图像，然后将其转换为"bg"图形元件，如图9-5所示。

图9-5 转换为图形元件

（二）制作文本特效动画

下面制作文本特效动画，其具体操作如下。

STEP 1 锁定并隐藏"图层1"后新建图层并重命名为"文本"，在舞台左上角输入文本"与你携手 改变生活"，再在其下方输入"Better Life Together"，再分别进行属性设置，如图9-6所示。

STEP 2 选择所有文本，将其转换为"text"影片剪辑元件，如图9-7所示。

STEP 3 双击"text"影片剪辑元件实例进入编辑窗口，选择所有文本并按【Ctrl+B】组合键将其打散为单独文本，然后在所选文本上方单击鼠标右键，在弹出的快捷菜单中选择"分散到图层"菜单命令，将各个单独文本分散到单独的图层中。

图9-6 设置文本属性

STEP 4 选中"与"字并转换为"与"影片剪辑,在"与"图层的第8帧处插入关键帧,按键盘上的方向键【→】6次,将第8帧的"与"字向右移动6个像素,再创建传统补间动画,如图9-8所示。

图9-7 转换为影片剪辑元件　　　　　图9-8 设置传统补间动画

STEP 5 复制"与"图层的第1帧,然后选择第20帧进行粘贴,在第20帧上单击鼠标右键,在弹出的快捷菜单中选择"删除补间"菜单命令,为8-20帧创建传统补间,再选择第20帧中的文本"与",在"属性"面板的"样式"下拉列表框中选择"无"选项,如图9-9所示。

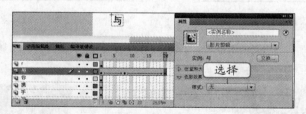

图9-9 创建文本左移效果

STEP 6 复制"与"图层的第20帧,选择第21帧并粘贴帧,在第169帧处插入帧,如图9-10所示,完成"与"文本动画效果的制作。

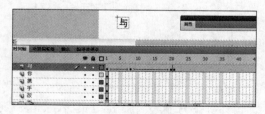

图9-10 创建连续帧

STEP 7 选择"你"图层中的第1帧,按住鼠标左键不放将其拖动到第3帧,选择的"你"文本,将其转换为"你"影片剪辑元件,如图9-11所示。

STEP 8 参照"与"动画的制作方法,完成"你"动画的制作,完成后的时间轴效果如图9-12所示。

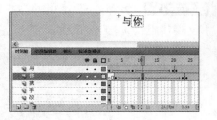

图9-11 转换为影片剪辑元件　　　　　　　　　图9-12 创建动画效果

STEP 9 参照"你"及"与"动画的制作方法，完成其他图层中文本动画的创建，完成后的时间轴效果如图9-13所示。

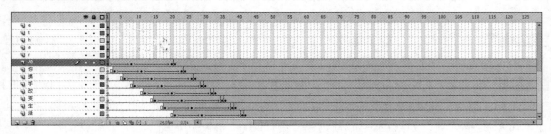

图9-13 时间轴效果

STEP 10 选择"B"图层中的第1帧，按住鼠标左键不放将其拖动到第38帧，选择"B"字母将其转换为"B"影片剪辑元件，如图9-14所示。

STEP 11 在"B"图层的第45帧处插入关键帧，按键盘上的方向键【←】10次，复制第38帧，并分别粘贴到第53、54帧，分别为38-45帧、45-53帧创建传统补间，选择第38帧中的"B"影片剪辑元件实例，在"属性"面板中设置"Alphpa"值为0，如图9-15所示。

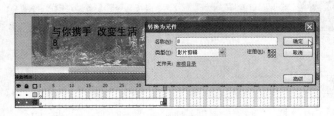

图9-14 转换影片剪辑元件　　　　　　　　　图9-15 制作动画效果

STEP 12 选择"e"图层中的第1帧，按住鼠标左键不放将其拖动到第41帧，选择"e"字母将其转换为"e"影片剪辑元件，再复制第41帧。

STEP 13 在"e"图层的第47帧处插入关键帧，按键盘上的方向键【←】10次，在第56、57帧处粘贴帧，分别为41-47帧、47-56帧创建传统补间，选择第41帧中的"e"影片剪辑元件实例，在"属性"面板中设置"Alphpa"值为0，完成后的时间轴效果如图9-16所示。

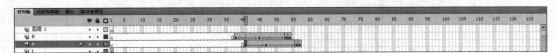

图9-16 制作"e"字母动画效果

STEP 14 参照 "e" 字母动画的制作方法，完成其他字母动画效果的制作，完成后，选择所有字母图层的第169帧插入帧。完成后的时间轴效果如图9-17所示。

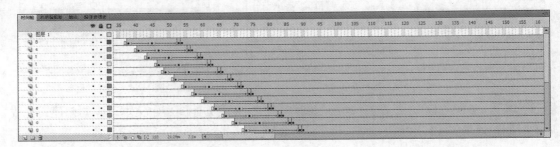

图9-17 完成后的时间轴效果

STEP 15 在 "图层 1" 的第120帧处插入关键帧，使用矩形工具绘制一个矩形，并使用任意变形工具将其倾斜，最后再转换为 "光" 影片剪辑元件，如图9-18所示。

STEP 16 复制 "图层 1" 的第120帧，分别粘贴帧到第121帧、第148帧，选择第148帧中的 "光" 影片剪辑元件实例，将其水平拖动到文本右侧，再复制第148帧，粘贴帧到第149帧，在第169帧处插入帧，为第121~148帧创建传统补间，如图9-19所示。

图9-18 转换元件

图9-19 制作动画

STEP 17 在 "图层 1" 之上新建图层并重命名为 "遮罩"，在第120帧处插入关键帧，输入文本 "与你携手 改变生活" 并进行属性设置，其字体为 "黑体"、大小为 "24"，并注意与下方的 "与你携手 改变生活" 文本重叠，再选择 "遮罩" 层创建遮罩动画，如图9-20所示。

图9-20 创建遮罩动画

STEP 18 选择"遮罩"层，新建图层并重命名为"AS"，选择第169帧插入空白关键帧，打开"动作-帧"面板，输入语句"stop();"，如图9-21所示。

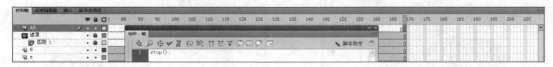

图9-21 添加脚本

STEP 19 返回到主场景，选择舞台中的"text"，在"属性"面板中设置"色调"为白色，如图9-22所示。

STEP 20 保存文档，动画测试效果如图9-23所示。

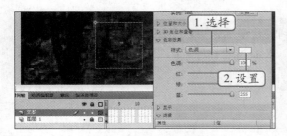

图9-22 设置色调为白色

图9-23 测试动画效果

（三）制作蝴蝶动画

下面制作蝴蝶动画，其具体操作如下。

STEP 1 在"文本"图层上方新建两个图层并分别重命名为"左蝴蝶"和"中蝴蝶"，如图9-24所示。

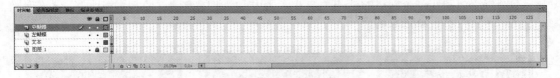

图9-24 新建图层

STEP 2 打开素材文件"蝴蝶.fla"（素材参见：光盘:\素材文件\项目九\任务一\蝴蝶.fla），切换回" wuye.fla"编辑窗口中，打开"库"面板，在"wuye.fla"下拉列表框中选择"蝴蝶.fla"选项，如图9-25所示。

STEP 3 选择"左蝴蝶"图层第1帧，将"库"面板中的"左蝴蝶"影片剪辑拖入到舞台左侧，如图9-26所示。

STEP 4 选择"中蝴蝶"图层第1帧，将"库"面板中的"中蝴蝶"影片剪辑拖入到舞台中间，如图9-27所示。

图9-25 切换库

STEP 5 保存文档，并按【Ctrl+Enter】组合键测试动画效果，如果蝴蝶动画效果位置不对，返回到动画编辑窗口调整其位置，至完全符合要求为止

（最终效果参见：光盘:\效果文件\项目九\任务一\wuye.fla）。

图9-26 设置左蝴蝶

图9-27 设置中蝴蝶

操作提示　将蝴蝶影片剪辑元件拖入到舞台中后，可双击蝴蝶影片剪辑元件实例，再按【Enter】键播放Flash动画，此时可看到蝴蝶的飞行路径，以确定蝴蝶应该放置的位置。

任务二　制作Flash小游戏

　　使用Flash可以制作很多小游戏，4399、17173等网站中的小游戏都是用Flash制作的。现在很多手机客户端的游戏也使用Flash制作，如宝宝巴士手机客户端中的游戏等。本节将介绍Flash小游戏的制作方法。

一、任务目标

　　本例将练习制作一个简单的Flash小游戏，运用键盘上的方向键控制赛车比赛。本例制作完成后的最终效果如图9-28所示。

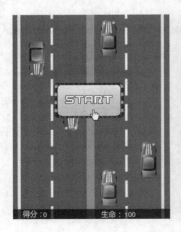
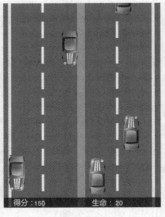
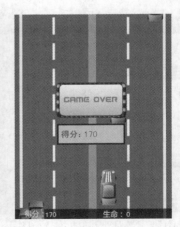

图 9-28　Flash 赛车游戏

二、相关知识

在制作本例前需要了解Flash游戏的特点、类型及制作流程等知识，在实际制作过程中，主要涉及游戏背景的制作、游戏对象的绘制、背景音乐及碰撞声音的制作、控制游戏进行的AS脚本编写等。下面分别介绍其相关知识。

（一）Flash游戏概述

Flash具有强大的脚本交互功能，通过为Flash添加合适的AS脚本就可以实现各类小游戏的开发，如迷宫游戏、贪吃蛇、俄罗斯方块、赛车游戏、射击游戏等。使用Flash制作游戏具有许多优点。

- 适合网络发布和传播；
- 制作简单方便；
- 视觉效果突出；
- 游戏简单，操作方便；
- 绿色不用安装；
- 不用注册账号，直接就可以玩耍。

（二）常见的Flash游戏类型

实际上，使用Flash软件可制作出任何一种可以想到的游戏，对于网络应用来说，常用的游戏类型如下。

- 益智类游戏，如图9-29所示为贝瓦网制作的一款益智游戏。

图9-29 益智类游戏

● 射击类游戏，如图9-30所示为贝瓦网制作的一款射击类游戏。

图 9-30　射击类游戏

● 动作类游戏，如图9-31所示为4399网站上的"拳皇"动作类游戏。

图 9-31　动作类游戏

● 角色扮演类游戏，如图9-32所示为4399网站上的"合金弹头小小版"角色扮演游戏。
● 体育运动类游戏，如图9-33所示为4399网站上的"美羊羊卡丁车"体育运动类游戏。

行业提示　　网页游戏（Webgame）又称Web游戏、无端网游，简称页游。它是基于Web浏览器的网络在线多人互动游戏，无需下载客户端，只需打开IE网页，10秒钟即可进入游戏。页游前端通常都采用Flash动画来实现。

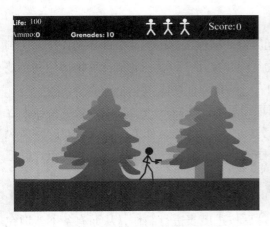

图 9-32　角色扮演类游戏　　　　　　　图 9-33　体育运动类游戏

（三）Flash游戏制作流程

使用Flash制作游戏需要遵循游戏制作的一般流程，这样才能事半功倍，更有效率。Flash游戏制作的一般流程如下。

1.游戏构思及框架设计

在着手制作一个游戏前，必须有一个大概的游戏规划或者方案，否则在后期会进行大量修改，浪费时间和人力。

在进行游戏的制作之前，必须先确定游戏的目的，这样才能够根据游戏的目的来设计符合需求的作品。另外必须确定Flash游戏类型，如益智、动作还是体育运动等。

在决定好将要制作的游戏的目的与类型后，接下来即可做一个完整的规划，如图9-34所示为"掷骰子"的流程图，通过这个图可以清楚地了解需要制作的内容以及可能发生的情况。在游戏中，一开始玩家要确定所押的金额，接着会随机出现玩家和电脑各自的点数，然后游戏对点数进行判断，最后判断出谁胜谁负。如果玩家胜利，就会增加金额，相反则要扣除金额，接着显示目前玩家的金额，再询问玩家是否结束游戏，如果不结束，则再选择要押的金额，进行下一轮游戏。

```
游戏开始
  ↓
决定所押的金额
  ↓
随机数决定点数
  ↓
显示电脑的点数
  ↓
是否胜过电脑
  否 ↙    ↘ 是
金钱减少    金钱增加
    ↘    ↙
  显示目前金额
    ↓
  是否结束游戏
    ↓ 是
```

图9-34　流程规划

2.素材的收集和准备

要完成一个比较成功的Flash游戏，必须拥有足够丰富的游戏内容和漂亮的游戏画面，因此在设计出游戏流程图之后，需要着手收集和准备游戏中要用到的各种素材，包括图片、声音等。

3.制作与测试

当所有的素材都准备好后，就可以正式开始游戏的制作，这里需要靠Flash制作技术。制作快慢与成功与否，关键在于平时学习和积累的经验和技巧，只要把它们合理地运用到游戏制作过程中，就可顺利完成制作。在制作过程中有一些技巧，具体如下。

● 分工合作：一个游戏的制作过程非常繁琐和复杂，要做好一个游戏，必须要多人互相协调工作，每个人根据自己的特长来分配不同的任务，如美工负责游戏的整体风格和视觉效果，而程序员则进行游戏程序的设计，从而充分发挥各自的特点，保证游戏的制作质量，提高工作效率。

● 设计进度：游戏的流程图已确定，就可以将所有要做的工作加以合理的分配，每天完成一定的任务，事先设计好进度表，然后按进度表进行制作，从而有条不紊地完成工作。

● 多多学习别人的作品：学习不是抄袭他人的作品，而是在平时多注意别人游戏制作的方法，养成研究和分析的习惯，从这些观摩的经验中，找到自己出错的原因，发现新的技术，提高自身的技能。

游戏制作完成后进行测试，在测试时可以利用Flash的【控制】/【测试影片】菜单命令及【控制】/【测试场景】菜单命令来实现。进入测试模式后，还可以经过监视Objects和Variables的方式，找出程序中的问题。除此之外，为了避免测试时忽略掉盲点，一定要在多台计算机上进行测试，从而尽可能发现游戏中存在的问题，使游戏更加完善。

三、任务实施

（一）制作Flash背景动画

制作本动画需要先制作动画背景，其具体操作如下。

STEP 1 新建 Flash 文件(ActionScript 3.0) 文档，并保存为"赛车.fla"。

STEP 2 按【Ctrl+M】组合键，在打开的"文档属性"对话框中设置尺寸为"300像素×400像素"，背景颜色为"#7F7F7F"（灰色），帧频为"36fps"，再单击 确定 按钮关闭对话框，如图9-35所示。

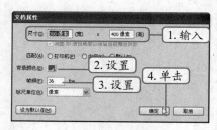

图9-35　设置文档属性

STEP 3 选择矩形工具，设置笔触颜色为无，填充颜色为"#089201"，在舞台中绘制矩形，再在"属性"面板中设置X、Y值都为0，宽度为9.3，高度为400，如图9-36所示。

STEP 4 选择绘制的矩形，按【Ctrl+C】组合键进行复制，再按【Ctrl+Shift+V】组合键进行复制，然后水平移动到舞台右侧，如图9-37所示。

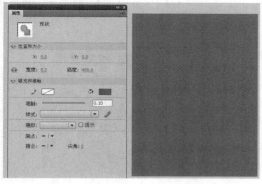 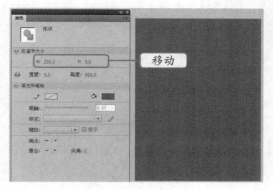

图9-36　绘制矩形　　　　　　　　　　　　　图9-37　复制移动矩形

STEP 5 参照上面的方法，分别再绘制两条矩形线，其中填充颜色为"#FFFD0B"，其余参数设置如图9-38所示。

图9-38　绘制矩形

STEP 6 在场景中央绘制一个较宽的矩形，设置属性如图9-39所示，其中填充颜色为"#FF9900"。

STEP 7 新建"图层2"，绘制一个白色的矩形，放置于如图9-40所示的位置。

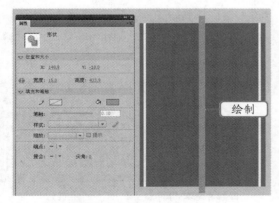 

图9-39　绘制较宽的矩形　　　　　　　　　　图9-40　绘制白色矩形

STEP 8 选择白色矩形，将其转换为"witeline"影片剪辑元件，如图9-41所示。

STEP 9 选择"witeline"影片剪辑元件实例，在"属性"面板中设置实例名称为"leftline"，如图9-42所示。

图9-41 转换为元件

图9-42 命名实例名称

STEP 10 双击"witeline"影片剪辑元件实例进入元件编辑状态，选择白色矩形并按【Ctrl+C】组合键进行复制，再按【Ctrl+Shift+V】组合键进行原位置粘贴，再打开"属性"面板，设置"Y"值为"50"，如图9-43所示。

STEP 11 参照步骤10的操作方法，完成其他7个白色矩形的复制粘贴并调整位置，完成后的效果如图9-44所示。

图9-43 复制粘贴与移动矩形

图9-44 复制粘贴与移动矩形

STEP 12 选择所有白色矩形，将其转换为"line"影片剪辑元件，如图9-45所示位置。

STEP 13 在第5帧处插入关键帧，创建传统补间动画，再选择第5帧中的元件实例，将其向下移动到如图9-46所示位置。

图9-45 转换元件

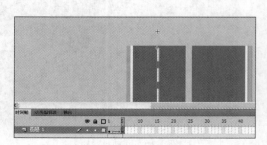

图9-46 创建传统补间动画

STEP 14 返回主场景，复制"witeline"影片剪辑元件实例到如图9-47所示的位置，设置实例名称为"rightline"。

STEP 15 保存文档，按【Ctrl+Enter】组合键测试动画，其效果如图9-48所示。

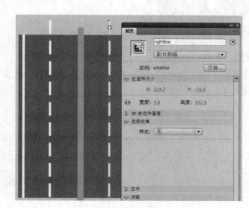

图9-47 复制元件实例

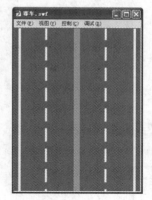

图9-48 测试动画

（二）制作赛车动画

接下来制作赛车动画，其具体操作如下。

STEP 1 打开素材文件"car.fla"（素材参见：光盘:\素材文件\项目九\任务二\car.fla），然后选择舞台中的"car"影片剪辑元件实例，按【Ctrl+C】组合键进行复制，如图9-49所示。

STEP 2 返回到"赛车.fla"编辑窗口中，选择"图层 2"并新建图层"图层 3"，按【Ctrl+V】组合键进行粘贴，再适当调整其位置，如图9-50所示。

图9-49 复制影片剪辑元件实例

图9-50 粘贴影片剪辑元件实例

STEP 3 保持粘贴的影片剪辑元件实例的选中状态，在"属性"面板中设置实例名称为"carmain"，如图9-51所示。

STEP 4 选择舞台中的"car"影片剪辑元件实例，再进行复制与粘贴，选择粘贴的元件实例，设置实例名称为"car1"，在"滤镜"面板中添加"调整颜色"滤镜，设置滤镜参数如图9-52所示，将小车颜色改为"蓝色"。

图9-51　设置元件实例名称

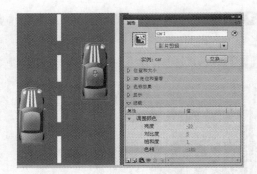

图9-52　创建新小车

STEP 5　再复制一个"car"元件实例，设置实例名称为"car2"，添加"调整颜色"滤镜，设置元件实例颜色为"绿色"，如图9-53所示。

STEP 6　再复制一个"car"元件实例，选择【修改】/【变形】/【垂直翻转】菜单命令将其垂直翻转，设置实例名称为"car3"，再设置"调整颜色"滤镜，使其变为其他颜色，如图9-54所示。

图9-53　创建新小车

图9-54　创建新小车

STEP 7　复制"car3"并粘贴为新的元件实例，再命名实例名称为"car4"，添加"调整颜色"滤镜，设置其颜色，如图9-55所示。

STEP 8　保存文档并按【Ctrl+Enter】组合键测试动画效果如图9-56所示。

图9-55　创建新小车

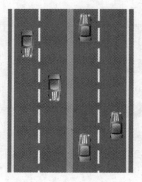

图9-56　测试动画

（三）制作动态文本

接下来制作动态文本内容，其具体操作如下。

STEP 1 新建图层"图层 4"，在舞台底部绘制一个"300像素×20像素"的矩形，设置矩形颜色为"#7F7F7F"，透明度为"60%"，如图9-57所示。

STEP 2 使用文本工具在舞台中添加静态文本"得分："和"生命值："，并设置文本属性如图9-58所示。

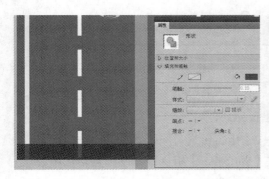

图 9-57　绘制矩形并设置属性　　　　　　　　　图 9-58　输入文本并设置属性

STEP 3 在"得分"文字右侧添加动态文本"0"，设置文本的实例名称为"sctext"，如图9-59所示。

STEP 4 在"生命"文字右侧添加动态文本"100"，设置文本的实例名称为"hptext"的文本，如图9-60所示。

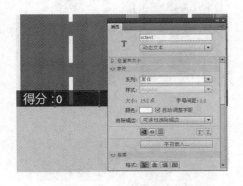

图 9-59　设置动态文本　　　　　　　　　　　　图 9-60　设置动态文本

（四）制作开始及结束场景

接下来制作开始及结束场景，其具体操作如下。

STEP 1 新建图层"图层 4"，使用基本矩形工具，在舞台中央绘制一个矩形，然后打开"属性"面板，进行如图9-61所示的设置。

STEP 2 选择【文件】/【导入】/【导入到库】菜单命令，在打开的对话框中选择要导入的位图，如图9-62所示。

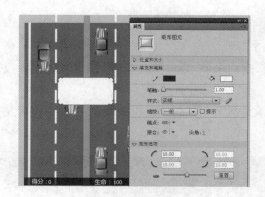

图 9-61 绘制圆角矩形

图 9-62 选择位图

STEP 3 打开"颜色"面板，选择填充选项，再在"类型"下拉列表框中选择"位图"选项，再选择位图，使用位图填充圆角矩形，如图9-63所示。

STEP 4 复制圆角矩形，然后按【Ctrl+Shift+V】组合键进行原位置粘贴，选择任意变形工具，将鼠标指针移动到圆角矩形右上角，按住【Shift+Alt】组合键并以圆角矩形中心点为中心进行等比例缩小，再打开"颜色"面板，设置线性填充，如图9-64所示。

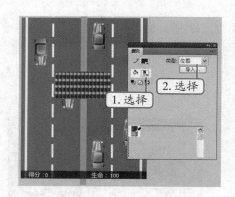

图 9-63 位图填充圆角矩形

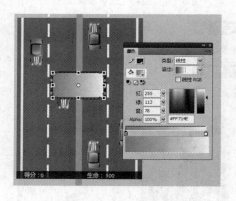

图 9-64 复制缩小并线性填充

STEP 5 选择渐变变形工具，调整渐变颜色，如图9-65所示。

STEP 6 单击"图层 4"的第1帧以便选择该图层中的所有图形（即圆角矩形），再转换为"begin"按钮元件，如图9-66所示。

STEP 7 双击"begin"按钮元件实例，进入按钮元件编辑窗口，在"指针…"帧中插入关键帧，打开"颜色"面板，修改渐变颜色，如图9-67所示。

STEP 8 在"点击"帧处插入帧，如图9-68所示。

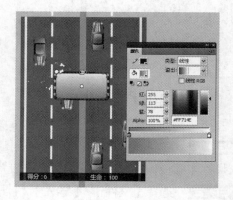

图 9-65 调整渐变

图 9-66 转换元件

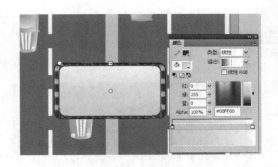

图 9-67 调整颜色

STEP 9　　新建图层"图层 2"，选择文本工具，输入文本"START"并在"属性"面板中进行如图9-69所示的设置。

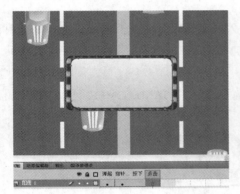

图 9-68　插入帧

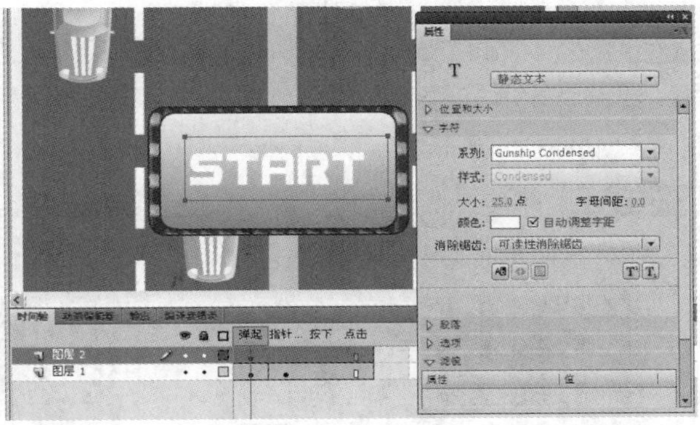

图 9-69　输入文本并设置属性

STEP 10　　按【Ctrl+B】组合键两次，将文本打散，再按【Ctrl+G】组合键将打散的文本组合在一起，如图9-70所示。

STEP 11　　在"指针…"帧处插入关键帧，按【Ctrl+B】组合键将该帧中的文字打散，再选择墨水瓶工具，设置笔触颜色为"#5A221F"，为文本添加描边效果，如图9-71所示。

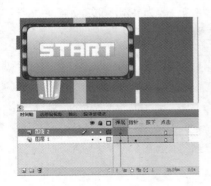

图 9-70　打散文本

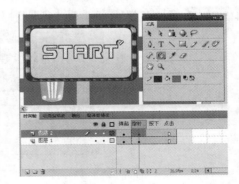

图 9-71　修改文本效果

STEP 12　　返回主场景，选择选择工具，选择"begin"按钮元件实例，在"属性"面板

"实例名称"文本框中输入"cmd"，如图9-72所示。

STEP 13 新建图层"图层 5"，复制"图层 4"的第一帧，再粘贴到"图层 5"的第一帧中，按【Ctrl+B】组合键将其打散，再转换为影片剪辑元件"gmover"，如图9-73所示。

图9-72 命名实例名称　　　　　　　　　　　图 9-73 转换元件

STEP 14 双击"gmover"影片剪辑元件实例，进入影片剪辑元件编辑窗口，选择按钮填充区域，修改填充颜色为灰白色渐变，再选择打散的文本"START"，按【Delete】键将其删除，如图9-74所示。

STEP 15 新建图层"图层 2"，选择文本工具，输入文本"GAME OVER"，并在"属性"面板中进行如图9-75所示的属性设置。

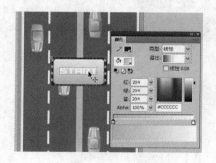

图 9-74 修改填充颜色并删除文本　　　　　　　图 9-75 输入文本并设置属性

STEP 16 选择输入的文本，按【Ctrl+B】组合键两次，将其打散为矢量图形，如图9-76所示。

图9-76 打散文本

STEP 17 新建图层"图层 3"，选择矩形工具，在"属性"面板中设置笔触颜色为"#5A221F"，笔触为"3"，填充颜色为"#D8D8D8"，在按钮下方绘制一个矩形，如图9-77所示。

STEP 18 新建图层"图层4"，选择文本工具，输入文本"得分："，并在"属性"面板中进行属性设置，如图9-78所示，其中文本颜色为"#CC0000"。

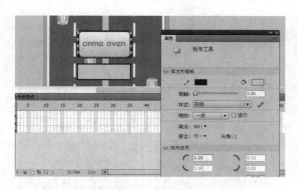

图9-77 绘制矩形

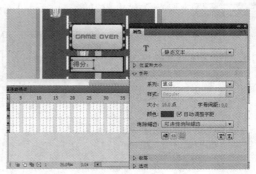

图9-78 输入文本并设置属性

STEP 19 新建图层"图层5"，选择文本工具，在"得分："文本后拖动出一个文本框，再在"属性"面板的"文本类型"下拉列表框中选择"动态文本"选项，在"实例名称"文本框中输入"endtext"，如图9-79所示。

STEP 20 选择"图层2"，在"GAME OVER"文本上方单击鼠标右键，在弹出的快捷菜单中选择"转换为元件"菜单命令，将其转换为"game"影片剪辑元件，如图9-80所示。

图9-79 创建动态文本

图9-80 转换元件

STEP 21 双击"game"影片剪辑元件实例进入影片剪辑元件编辑窗口中，在第3帧处插入帧，在第4帧处插入关键帧，在"属性"面板中设置填充颜色为红色，如图9-81所示。

STEP 22 复制1-3帧，再选择第7帧，单击鼠标右键，在弹出的快捷菜单中选择"粘贴帧"菜单命令，完成后的时间轴效果如图9-82所示。

图9-81 修改填充颜色

图9-82 复制粘贴帧

STEP 23 单击■场景1按钮返回主场景，选择"gmover"影片剪辑元件实例，在"属性"面板中设置实例名称为"gmover"，如图9-83所示。

STEP 24 保存文档，按【Ctrl+Enter】组合键测试动画效果如图9-84所示。

图 9-83　命名实例

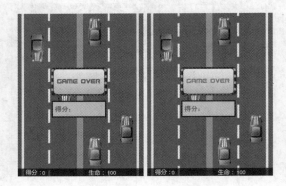

图 9-84　测试动画效果

（五）添加AS脚本

下面为Flash添加AS脚本，其具体操作如下。

STEP 1 新建图层并重命名为"AS"，选择【窗口】/【动作】菜单命令打开"动作 – 帧"面板。

STEP 2 首先进行初始变量及值的定义，输入如下的AS脚本，如图9-85所示。

```
var lorr=0;
var xv1,xv2,xv3,xv4,yv1,yv2,yv3,yv4;
gmover.visible=false;//隐藏结束场景
```

STEP 3 接下来，定义两个函数"resetrightcar"和"resetleftcar"，分别用于设置左侧小车和右侧小车的初始状态和相应变量的初始值，如图9-86所示。

```
function resetrightcar(n){
        this["car"+n].y=−Math.random()*200;
        this["car"+n].x=Math.random()*150+150;
        this["xv"+n]=Math.random()/2−Math.random()/2;
        this["yv"+n]=Math.random()*3+2;
}
function resetleftcar(n){
        this["car"+n].y=−Math.random()*200;
        this["car"+n].x=Math.random()*150;
        this["xv"+n]=Math.random()/2−Math.random()/2;
        this["yv"+n]=Math.random()*6+6;
}
```

图9-85 输入AS脚本

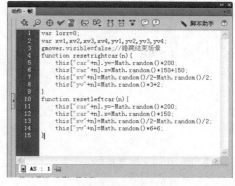

图9-86 定义函数

STEP 4 接下来添加按钮"cmd"（START按钮）的事件侦听，设置单击 START 按钮后调用函数"resetrightcar"和"resetleftcar"设置4个小车实例的初始状态及其参数，同时添加键盘事件侦听和进入帧事件侦听，设置"gmover"元件实例和"cmd"元件实例不显示，如图9-87所示。

```
cmd.addEventListener(MouseEvent.CLICK,begin);//侦听单击事件

function begin(evt){

    resetrightcar(1);//初始化小车1

    resetrightcar(2);//初始化小车2

    resetleftcar(3);//初始化小车3

    resetleftcar(4);//初始化小车4

    //以下脚本侦听按键事件

    addEventListener(KeyboardEvent.KEY_DOWN,kd);

    //以下脚本开始游戏

    addEventListener(Event.ENTER_FRAME,run);

    //隐藏"gmover"及"cmd"影片剪辑元件实例

    gmover.visible=false;

    cmd.visible=false;

}
```

图9-87 添加cmd侦听事件及函数

STEP 5 定义键盘事件响应函数"kd"，添加键盘事件过程，如图9-88所示。

```
function kd(evt) {

        if(evt.keyCode==37){lorr=-5;}

        if(evt.keyCode==39){lorr=5;}

}
```

STEP 6 定义进入帧事件响应函数"run"，设置键盘控制的实例"carmain"的运动，调用自定义函数"rightcarrun"和"leftcarun"函数设置4个小车实例的运动，如图9-89所示。

```
function run(evt) {

        stage.focus=this;
```

```
if(lorr>0){
        lorr=lorr−0.5;
}else if(lorr<0){
        lorr=lorr+0.5;
}
if(carmain.x>=300){
        lorr=−6;
}else if(carmain.x<30){
        lorr=6;
}
carmain.x=carmain.x+lorr;
rightcarrun(1);
rightcarrun(2);
leftcarrun(3);
leftcarrun(4);
}
```

图9-88　定义kd函数　　　　　　　　图9-89　定义run函数

STEP 7　定义函数"rightcarrun()"用于设置场景右侧对应的小车实例的运动过程及条件，如图9-90所示。

```
function rightcarrun(n){
        this["car"+n].x=this["car"+n].x+this["xv"+n];
        this["car"+n].y=this["car"+n].y+this["yv"+n];
        if(this["car"+n].x>270){
                this["xv"+n]=−Math.random()/2;
        }
        if(this["car"+n].x<150){
```

```
                this["xv"+n]=Math.random()/2;
        }
        if(this["car"+n].y>450){
                resetrightcar(n);
                sctext.text=String(Number(sctext.text)+10);
        }
        if(this["car"+n].hitTestObject(carmain)){
                resetrightcar(n);
                hit();
        }
}
```

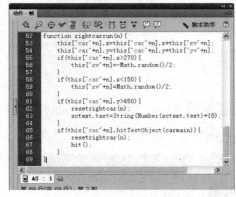

图9-90　定义rightcarrun函数

STEP 8 定义函数 "leftcarrun()" 用于设置场景左侧对应的小车实例的运动过程及条件，如图9-91所示。

```
function leftcarrun(n){
        this["car"+n].x=this["car"+n].x+this["xv"+n];
        this["car"+n].y=this["car"+n].y+this["yv"+n];
        if(this["car"+n].x>150){
                this["xv"+n]=−Math.random()/2;
        }
        if(this["car"+n].x<30){
                this["xv"+n]=Math.random()/2;
        }
        if(this["car"+n].y>450){
                resetleftcar(n);
        }
        if(this["car"+n].hitTestObject(carmain)){
                resetleftcar(n);
                hit();
        }
}
```

图9-91　定义leftcarrun函数

STEP 9 定义小车碰撞时调用的函数 "hit()"，如图9-92所示。

```
function hit(){
        phtext.text=String(Number(phtext.text)−10)
        if(Number(phtext.text)<=0){
                removeEventListener(Event.ENTER_FRAME,run);
                leftline.stop()
```

```
                    rightline.stop();

                    gmover.visible=true;

                    gmover.endtext.text=sctext.text;

            }
    }
```

STEP 10 单击"动作－帧"面板上方的 ✔ 按钮检查有无语法错误，如图9-93所示，再单击 确定 按钮关闭提示对话框。

图9-92　定义hit函数

图9-93　检查语法错误

STEP 11 保存文档，测试动画效果（最终效果参见：光盘:\效果文件\项目九\任务二\赛车.fla）。

实训一　制作广告导航

【实训要求】

本实训要求制作一个手机广告导航动画。

【实训思路】

制作本动画首先需要导入素材图像，然后制作数字导航，最后添加AS脚本。本实训的参考效果如图9-94所示。

图9-94　制作手机广告导航动画

【步骤提示】

STEP 1 新建Flash文档并设置文档属性，为舞台添加辅助线。

STEP 2 导入素材图像"手机.jpg"到舞台（素材参见：光盘:\素材文件\项目九\实训一\手机.jpg），调整其位置，命名实例为"pic"。

STEP 3 新建图层设置导航背景，再新建图层，绘制导航数字框按钮，分别命名实例名称为"cmd1"-"cmd6"。

STEP 4 新建图层，输入数字，并设置属性。

STEP 5 新建图层，并在"动作－帧"面板中输入AS代码，保存文档并进行测试（最终效果参见：光盘:\效果文件\项目九\实训一\手机.fla）。

实训二　制作计算器动画

【实训要求】

本实例要求制作一个简单的计算器动画，实现基本的数学运算。

【实训思路】

制作本动画时先绘制计算器底板，再创建计算按钮，然后创建数字等提示文本，最后添加AS脚本。本实训的参考效果如图9-95所示。

图9-95　制作计算器动画

【步骤提示】

STEP 1 新建Flash文档并设置文档属性。

STEP 2 绘制计算器底板图像，再新建图层，创建各个计算按钮元件，并分别进行实例命名。

STEP 3 新建图层，创建数字等提示文本，然后新建图层，添加AS脚本。

STEP 4 保存文档并进行测试（最终效果参见：光盘:\效果文件\项目九\实训二\计算器.fla）。

常见疑难解析

问：**为什么隐藏了图层，但发布动画时却会显示出来？**

答：隐藏图层是为了在制作动画的过程中方便对其他图层中的内容进行操作，在发布动画时还是会显示，如果要在发布时隐藏，需要对该图层中的内容命名实例，然后通过设置AS脚本来实现，如"gmover.visible=false;//隐藏结束场景"。

问：为什么提示访问的属性未定义？

答：出现这种情况是未对要引用的元件进行实例命名，或者是在AS脚本中引用的对象路径指代不明。如在"赛车.fla"游戏中，"endtext"动态文本是在"gmover"影片剪辑元件实例中创建并命名实例名称的，但在主场景的AS脚本中输入"endtext.text=sctext.text;"，就会出现访问属性未定义的错误，修改脚本为"gmover.endtext.text=sctext.text;"即可。

拓展知识

1. 导入AI文件

有时候直接在Flash中绘制动画素材比较麻烦，此时可再AI中绘制，然后选择【文件】/【导入】/【导入到库】菜单命令来导入AI文件，然后在Flash中对导入的AI图形进行编辑。

2. 在Flash CS4中与键盘对应的按键代码

在Flash CS4的AS脚本中包括了键盘上常用的各种键值，如"37"表示键盘上的【←】键，"39"表示键盘上的【→】键，在AS代码中可使用"if(evt.keyCode==37){lorr=-5;}"来使用按键代码。

课后练习

（1）制作"求职简历"动画，首先导入素材（素材参见：光盘:\素材文件\项目九\课后练习\bg.jpg、竹.jpg），再制作各导航菜单效果并命名实例及添加AS代码，最后在主场景中添加AS代码，完成后最终效果如图9-96所示（最终效果参见：光盘:\效果文件\项目九\课后练习\求职简历.fla）。

（2）制作"唐诗三百首"动画，完成后最终效果如图9-97所示（最终效果参见：光盘:\效果文件\项目九\课后练习\唐诗三百首.fla）。

图9-96 制作求职简历动画

图9-97 制作唐诗三百首动画